# SUPERNOVAS

# SUPERNOVAS

## La muerte de las estrellas

Inmaculada Domínguez

RBA

Infografías: Joan Pejoan.
Diseño interior: Tactilestudio.


Avda. Diagonal, 189 - 08018 Barcelona.
rbalibros.com

*Primera edición: mayo de 2019.*

REF.: RPRA563
ISBN: 978-84-9187-407-2
DEPÓSITO LEGAL: B.9.712-2019

PREIMPRESIÓN: Editec.

Impreso en España · *Printed in Spain*

# Contenido

# Introducción

¿Cómo sería un universo sin estrellas, sin explosiones de supernovas? En un universo así solo habría hidrógeno y helio, los elementos que se originaron en el Big Bang, y la vida que conocemos no habría tenido la oportunidad de desarrollarse. Sin las luminosas explosiones de supernovas tampoco tendríamos los que a día de hoy son los mejores indicadores de distancia extragalácticos, los cuales nos permiten estimar el ritmo de expansión del universo, identificar sus componentes y explorar su evolución. Las supernovas son de los pocos objetos astronómicos que muestran variaciones en escalas de tiempo humanas: aparecen brillantemente para desaparecer de nuestros telescopios al cabo de unos meses o años.

Como es sabido, en astrofísica no se pueden programar experimentos y repetirlos para verificar los resultados. En ese sentido, se diferencia de la mayoría de las ramas de la física y otras ciencias. Nos basamos en lo que observamos, en lo que somos capaces de descubrir de lo que la naturaleza nos muestra. Casi toda la información que tenemos de los objetos astronómicos nos llega a través de su luz o, lo que es lo mismo, de su radiación electromagnética, compuesta por fotones. Estos fotones nos traen información de las condiciones existentes en su lugar de origen que, en la mayoría de los casos, es la parte más externa de los distintos objetos. Para hacernos una idea, se puede comparar el tamaño relativo de esa zona externa en una estrella con el tamaño de la piel de una manzana en relación a toda la pieza de fruta. Pero las supernovas nos muestran mucho más. Al expandirse a grandes velocidades —miles de kilómetros por segundo— se van haciendo transparentes y, como en una película, nos revelan zonas cada vez más internas, hasta descubrirnos su centro. Esta información ha sido y es fundamental para entender esas explosiones y toda la evolución estelar.

¿Por qué son importantes las estrellas y las supernovas? Prácticamente todos los elementos químicos, a excepción del hidrógeno y del helio, que se originaron en el Big Bang, se han formado en los densos y calientes interiores de las estrellas, durante su evolución o cuando explotan como supernovas.

La formación de los elementos, a partir del hidrógeno, se produce a través de reacciones nucleares de fusión. Por ejemplo, cuatro núcleos de hidrógeno se fusionan para dar uno de helio, y tres de helio se fusionan formando uno de carbono. Estas reacciones nucleares son exotérmicas, es decir, producen energía. Pero... ¿cuánta? La respuesta la tenemos en la popular ecuación de Einstein, que nos indica que la masa puede transformarse en energía según $E = mc^2$; $c$ es la velocidad de la luz en el vacío. En las reacciones anteriores se «pierde» masa —un núcleo de helio pesa menos que cuatro de hidrógeno, y uno de carbono menos que tres de helio—, pero en realidad no se ha «perdido», sino que se ha convertido en energía, obtenida de la reacción nuclear correspondiente. Una energía que posibilita que las estrellas eviten el colapso por su propia gravedad y gracias a la cual el Sol calienta al planeta Tierra y es posible la vida.

Las estrellas generan energía transformando unos núcleos atómicos en otros y mediante la expulsión de los nuevos elementos, producidos a través de episodios de pérdida de masa y de explosiones de supernova, cambian la composición química del medio interestelar.

Pero durante su explosión las supernovas protagonizan otro proceso fundamental: inyectan una gran cantidad de energía al medio interestelar, empujando el gas a su alrededor. De esta forma desestabilizan las frías nubes de gas y provocan que colapsen por efecto de la gravedad. Cuando eso sucede, el gas se comprime, y en la zona central se alcanza la temperatura necesaria para que den inicio las primeras reacciones nucleares. Es en ese momento cuando se considera que tiene lugar el nacimiento de una estrella.

En el caso del Sol, la nebulosa a partir de la cual se originó tenía un 1,5% de elementos químicos distintos del hidrógeno y el helio. Puede parecer poco, pero ese 1,5% requiere la actuación de varias generaciones de estrellas produciendo nuevos elementos. Las primeras estrellas, que se originaron tras el Big Bang y que probablemente antecedieron a la formación de las primeras galaxias, estaban compuestas solo por hidrógeno y helio.

Si en vez de explotar, las estrellas colapsaran completamente debido a la gravedad o simplemente se fuesen enfriando al acabar su combustible nuclear, todos los nuevos elementos químicos resultantes de su evolución quedarían atrapados y el universo no se enriquecería en ellos. La vida rica en agua, oxígeno, calcio o hierro no habría podido comenzar en ningún lugar.

¿Siguen todas las estrellas el mismo camino en su evolución?, ¿producen los mismos elementos químicos?, ¿terminan su vida explotando como supernovas? La evolución estelar depende fundamentalmente de la masa. La masa de la estrella determina la temperatura que puede alcanzar en su interior, y esta fija las reacciones nucleares que van a producirse. Resulta intuitivo que el centro de una estrella cien veces más masiva que el Sol se comprima aumentando su presión y alcanzando temperaturas muy por encima de las que se alcanzan en el centro de nuestro astro rey. En una primera aproximación se cumple que la temperatura en el centro es proporcional a la masa. Por otra parte, cuanto más pesados sean los núcleos que van a fusionarse, más alta será la temperatura necesaria para su fusión.

En este sentido, el Sol se considera una estrella de «baja masa», y eso que es 333 000 veces más masivo que la Tierra. Actualmente el Sol está transformando, en su núcleo, el hidrógeno inicial en helio, a través de reacciones nucleares de fusión. ¿Qué pasará cuando se agote el hidrógeno en esa zona central donde la temperatura es suficiente para la fusión del hidrógeno? Sin fuente de energía en su interior, el Sol se contraerá por gravedad. Además, su temperatura aumentará y en la zona colindante al núcleo de helio se alcanzará la temperatura necesaria para quemar el hidrógeno restante y, posteriormente, la temperatura necesaria para la ignición del helio en el centro. Una vez el helio se agote, el Sol se contraerá de nuevo aumentando su temperatura; pero el siguiente combustible resultante de la fusión del helio, el carbono, requiere una temperatura que el Sol, con su masa, no podrá alcanzar. Las reacciones nucleares en su centro habrán finalizado. En sus últimas fases perderá masa a un ritmo elevado, hasta expulsar toda su envoltura, formando una espectacular nebulosa planetaria con su enana blanca en el centro.

La evolución descrita anteriormente para el Sol es la característica, con alguna variación, de las estrellas llamadas de baja masa, que son aquellas con masas inferiores a unas ocho veces la del Sol. Estas estrellas son además las más abundantes: constituyen un 95% del total de las estrellas observadas.

¿Y las estrellas más masivas, cómo evolucionan? Los primeros pasos son similares a los descritos para las estrellas de baja masa pero, tras agotar primero el hidrógeno y después el helio en sus centros, siguen un camino muy diferente. Las estrellas masivas van alcanzando sucesivamente la temperatura necesaria para «quemar» todos los combustibles, hasta generar un núcleo formado por hierro. Este núcleo se contrae, pero el hierro es un elemento a partir del cual no podemos obtener energía por fusión. Sin ninguna fuente de energía en su interior, el núcleo de hierro colapsa en pocos segundos, formando una estrella de neutrones o un agujero negro. En este colapso se libera una gran cantidad de energía y se produce la explosión que da lugar a una supernova de colapso gravitatorio.

En febrero de 2016 la colaboración científica llevada a cabo en los dos interferómetros del Observatorio LIGO *(Laser Interferometer Gravitational-Wave Observatory)* dio como fruto el anuncio de la primera detección de ondas gravitacionales desde la Tierra. En septiembre de 2015 la señal llegó a los detectores, situados en Livingston (Luisiana) y Hanford (Washington), en Estados Unidos, procedente de la fusión de dos agujeros negros, los cuales debieron de formarse por el colapso de los núcleos de dos estrellas masivas.

Pero... ¿solo las estrellas masivas explotan en forma de supernovas? No. Aunque la afirmación pueda parecer extraña, las de baja masa también pueden explotar. Las estrellas como el Sol permanecen en equilibrio durante miles de millones de años y, al final, forman una enana blanca, un objeto compacto que se opone a la gravedad por la presión que ejercen sus electrones. Una enana blanca que tuviera la masa del Sol y el tamaño de la Tierra presentaría una densidad de unos 1000 millones de kg/m$^3$; es decir, un cubito de un centímetro de lado que pesaría una tonelada. Un dato a tener en cuenta: la densidad media de las rocas en la Tierra es de unos 2500 kg/m$^3$.

Por su parte, las enanas blancas aisladas no explotan, sino que se enfrían, emitiendo cada vez menos luz. La explosión de una enana blanca requiere de agentes externos que provoquen el calentamiento de la zona central hasta alcanzar la temperatura necesaria para la ignición del combustible disponible, el carbono. Esto puede suceder en un sistema binario —un sistema formado por dos estrellas—, donde la enana blanca aumente su masa a expensas de la masa de su compañera. En este caso, la explosión no se produce por colapso gravitatorio, sino por la ignición explosiva del carbono. Las condiciones en la enana blanca son tales que las reacciones nucleares aumentan la temperatura sin producir una expansión del material. Al subir la temperatura se produce más energía nuclear, lo que incrementa aún más la temperatura, generando más energía... y así hasta la explosión que nos deparará una supernova termonuclear.

¿Cuánto tiene que aumentar la masa de una enana blanca para que se produzca esta explosión? La respuesta la obtuvo en 1930 el joven físico teórico Subrahmanyan Chandrasekhar (1910-1995) durante el viaje en barco que realizó desde la India, su país natal, a Inglaterra, para continuar sus estudios. Chandrasekhar calculó la masa máxima que puede tener una enana blanca manteniéndose en equilibrio sin colapsar. Este límite se conoce como «masa crítica de Chandrasekhar» y, para una enana blanca compuesta por carbono y oxígeno, es de unas 1,4 veces la masa del Sol.

Tenemos, por tanto, dos tipos de supernova asociados a dos mecanismos de explosión: el colapso gravitatorio del núcleo de una estrella masiva y la explosión termonuclear de una enana blanca de carbono y oxígeno con una masa próxima a la masa crítica de Chandrasekhar. En ambos casos la energía es enorme, suficiente para explicar las altas velocidades de expansión observadas, de miles de kilómetros por segundo, y la radiación emitida. Por su alto brillo, las supernovas se detectan en galaxias muy lejanas, lo que las convierte en poderosos faros cósmicos. Estas explosiones explican, además, el origen de la mayoría de los elementos químicos que se observan en el universo.

¿Qué entendemos y qué no entendemos de estas muertes explosivas de las estrellas? ¿Qué tipo de explosión da lugar al mejor faro cósmico, útil para estimar distancias extragalácticas y parámetros cosmológicos? ¿Qué papel tienen las supernovas termonucleares y las de colapso gravitatorio en el origen y evolución de los elementos químicos? De estas cuestiones y otras muchas trata este libro, en el que abarcaremos desde las primeras observaciones de estrellas visitantes hace más de 2000 años, hasta uno de los problemas fundamentales de la física, desvelado por las supernovas. Se trata de la naturaleza de esa enigmática y abundante componente cósmica, la llamada energía oscura, esa poderosa fuerza misteriosa que acelera la expansión del universo.

# Brillantes visitantes en el cielo

Los primeros registros históricos de «estrellas visitantes» o «invitadas» —*Ke xing*— fueron realizados por astrónomos chinos. Las fulgurantes visitantes no solo eran supernovas, podían ser también novas —estrellas variables cuyo brillo aumentaba haciéndolas visibles— o simplemente cometas. En los antiguos catálogos orientales (chinos, coreanos y japoneses) se han identificado hasta 75 nuevas estrellas, descontando las «visitantes» descritas con cola o movimiento significativo, que probablemente eran cometas. Para poder distinguir a las supernovas de las novas se adoptó como criterio que las supernovas debían ser visibles durante al menos tres meses. La primera candidata a nova se remonta al año 532 a.C. y la primera a supernova, al 185 d.C., la cual fue visible durante ocho o quizá veinte meses (el número varía según la interpretación del texto). A pesar del brillo y de su presencia en el cielo de forma continua, solo tres o cuatro de las nueve supernovas recogidas en los catálogos orientales aparecen en registros occidentales. Es llamativo que los astrónomos griegos y árabes, que realizaron observaciones muy precisas del movimiento de los astros y los eclipses, no incluyesen estos fenómenos. ¿Pensaban quizá que eran fenómenos atmosféricos, que ocurrían lejos de la esfera de las estrellas «fijas» de Ptolomeo? ¿O que, al ser transitorios, no resultaban útiles? Por otro lado, 75 novas en unos dos mil años no son demasiadas; un astrónomo podría haber visto, como mucho, una a lo largo de su vida. Todos nosotros hemos observado probablemente algún cometa, pero no hemos tenido la oportunidad de ver una nova o supernova a simple vista. Quien sí tuvo la suerte de ver una fue el astrónomo y geógrafo griego Hiparco (190 a.C.-120 a.C.), quien observó la aparición de una nueva estrella en la constelación de Escorpión en el año 134 a.C. Este hecho, junto al objetivo de determinar un posible movimiento de las estrellas fijas, le llevó a catalogar las posiciones de más de mil estrellas, agrupándolas en constelaciones. Solo conociendo con precisión todas las estrellas del cielo se puede asegurar que una de ellas es nueva en el planisferio.

## ALGO BRILLA EN EL FIRMAMENTO

Mucho más tarde, en el año 1006, apareció una nueva estrella que, según los astrónomos chinos, fue visible durante tres años. Su evolución se recogió con detalle en China y Japón, y su brillo fue comparado con el de la media luna. En esta ocasión encontramos varias referencias al respecto en el mundo árabe (Egipto, España, Iraq y Yemen) y breves reseñas en dos monasterios europeos, en Italia y Suiza. En 1965 se detectó, siguiendo las indicaciones de los registros históricos, lo que aún puede observarse de esa supernova: su remanente, el gas que sigue expandiéndose interaccionando con el medio interestelar.

Un caso especial es el de la supernova de 1054, llamada del Cangrejo por la forma de su remanente, detectado en 1731 (véase la imagen superior de la pág. 19). Según los numerosos registros orientales, principalmente chinos pero también japoneses, apareció el 4 de julio de 1054 y permaneció visible hasta el 6 de abril de 1056, durante casi dos años. Su excepcional brillo pudo verse a lo largo de unas tres semanas a plena luz del día. En todo el hemisferio norte debió de ser un espectáculo. Es posible que una pintura del siglo XI hallada en el Cañón del Chaco, en el estado de Nuevo México en Estados Unidos, represente esta supernova. En la pintura, realizada por los anasazi, una civilización amerindia que desapareció por completo antes de la llegada de los europeos al continente, aparece una estrella brillante junto a la Luna. La supernova mostró esta configuración, aunque es frecuente observar también así a Venus y la Luna, por lo que podría tratarse de otra representación (véase la imagen inferior de la pág. 19). Se ha debatido mucho sobre el porqué de la ausencia de la supernova de 1054 en registros occidentales y de Oriente Próximo. ¿Cómo es que no consta ninguna referencia? Es evidente que esta supernova no pudo pasar inadvertida, pues fue visible a plena luz del día durante meses. ¿Quizá la inmutabilidad de los cielos de Ptolomeo se había vuelto rigurosamente incuestionable? ¿Era la censura en 1054 más estricta que 48 años antes, cuando se registró la supernova de 1006? Esta interpretación no se sostiene si asociamos una nueva estrella, observada en la primavera de 1054, con esta supernova. Los registros chinos sitúan su primera aparición en julio pero, tratándose de un fenómeno transitorio, cabe pensar que la fecha exacta no fuese considerada un dato esencial. Probablemente se priorizó que la fecha coincidiera con algún evento importante del agrado de las clases dominantes. Las referencias a esa nueva estrella proceden de Armenia, Constantinopla, Flandes, Irlanda y Roma. Tres de ellas se producen en relación con la muerte del papa León IX (ocurrida el 19 de abril de 1054), e indican que un objeto brilló en el cielo en la hora precisa de su muerte. Otra descripción, muy clara, la encontramos en una compilación histórica denominada crónicas de Rampona, donde se asocia la presencia de una estrella con la llegada a Roma del emperador Enrique III: *«Tempore huius stella clarissima in circuitu prime lune ingressa est»* («Durante este tiempo, una estrella clarísima apareció en el circuito de la Luna»). Queda claro que el principal objetivo de estas referencias no era describir el objeto astronómico, sino adornar y engrandecer determinados hechos históricos.

Por tanto, es posible que las observaciones de la supernova de 1054 fuesen recogidas, o al menos mencionadas, también en

Occidente. No obstante, es curioso que un hecho tan notable no aparezca en los registros de astrónomos profesionales, como los que entonces trabajaban en Al-Ándalus. Entre ellos, el astrónomo Al-Zarqali (o Azarquiel), que debía estar observando el cielo desde Córdoba, y los discípulos de Al-Garnati, haciendo lo propio desde Granada ¿Acaso no se atrevieron a cuestionar la inmutabilidad de la esfera de las estrellas fijas de Aristóteles y Ptolomeo? La idea de las estrellas fijas está estrechamente ligada al sistema geocéntrico. Es la visión más extendida, en la que la Tierra está en el centro, rodeada por una bóveda llena de estrellas fijas alrededor. Aquella era una época de cambios y guerras; en 1031 el Califato de Córdoba de Al-Ándalus había caído, dando paso a los reinos de taifas que pusieron fin a una época de esplendor cultural. En 1054 el Cisma de Oriente dividió a la cristiandad y en 1090 Abd Allah, el último rey zirí de Granada, escribió en su diario desde el exilio: «muchos otros (geómetras y astrólogos) se esfuerzan en aplicar su especulación sobre estos temas aunque se les haya prohibido».

Medio milenio después apareció la supernova de 1572, que fue observada con un detalle sin precedentes por el astrónomo danés Tycho Brahe (1546-1601), en honor del cual lleva su nombre. Pero no fue el único en avistarla, también lo hicieron el científico y hebraísta español Jerónimo Muñoz (1520-1591) y el matemático y astrónomo siciliano Francesco Maurolico (1494-1575). A partir de entonces, los registros rigurosos se realizaron en occidente. La posición de la siguiente supernova, la de 1604, aparece determinada con una precisión sesenta veces mayor en los catálogos europeos que en los chinos y fue observada por varios astrónomos, entre ellos el gran Galileo Galilei (1564-1642). Se la conoce como la supernova de Kepler porque fue el astrónomo alemán Johannes Kepler (1571-1630) quien realizó el estudio más completo sobre ella, publicado en su libro *De Stella Nova in Pede Serpentarii*. Tan solo cinco años después, en 1609, Galileo construiría su telescopio basándose en la información, proveniente de Dinamarca, de un instrumento que aumentaba en un factor tres el tamaño de los objetos. Aunque Galileo fue probablemente el primero en observar el cielo nocturno a

La imagen superior muestra la nebulosa del Cangrejo, remanente de la supernova que se observó en el año 1054. Abajo, petroglifo de la cultura anasazi hallado en el Cañón del Chaco, en Nuevo México, y que supuestamente representa la Luna junto a la supernova avistada aquel año.

través de un telescopio, ninguna estrella visitante se le hizo visible. De hecho, no se ha detectado ninguna supernova en la Vía Láctea después de 1609, por lo que no hemos tenido la opción de observar ninguna a través de un telescopio. Alrededor de 1680 debió de explotar una supernova en la constelación de Casiopea. Lo sabemos por las observaciones de su remanente, conocido como Casiopea A y detectado en ondas de radio en 1948. Excepto por una posible referencia a una estrella no identificada que fue realizada *a posteriori* por John Flamsteed (1646-1719), el que fuera el Primer Astrónomo Real británico, esta supernova pasó inadvertida.

A día de hoy se han observado los remanentes correspondientes a todas las supernovas mencionadas, conocidas como «supernovas históricas». Estadísticamente deberían producirse dos supernovas por siglo en nuestra galaxia, pero hace más de tres siglos que no se observa ninguna. Con los medios y conocimientos actuales una supernova galáctica nos revelaría una gran cantidad de información. Es cierto que no todas serán visibles desde el sistema solar, pues eso depende de la posición de la supernova respecto a nosotros. Pero según la estadística, una explosión está a punto de ocurrir en la Vía Láctea. ¿Seremos testigos presenciales?

## NUEVAS GALAXIAS EN EL UNIVERSO: DE NOVAS A SUPERNOVAS

Cuando observamos la bóveda celeste a simple vista, podemos interpretar que todas las estrellas están a la misma distancia, y que las que emiten más luz son las que brillan más. O bien, deducir que todas las estrellas son similares y que, por tanto, las más brillantes están más cerca y las que relucen poco, más lejos. Sin más información, no se puede concluir nada, y, de hecho, ninguna de las dos hipótesis es válida.

Hubo que esperar al siglo XX para entender que había otras galaxias además de la nuestra, y que, por tanto, las novas observadas en esos distantes acúmulos de estrellas tenían que emitir mucha más luz que las novas de nuestra galaxia: eran súper brillantes. Todo empezó con la observación de una nova en 1885, en la llamada nebulosa de Andrómeda. El observador fue el astrónomo alemán Ernst Hartwig (1851-1923) del Observatorio de Dorpat (en Tartu, hoy Estonia) y empleó el mejor telescopio del momento, un refractor de nueve pulgadas. No fue el único en observarla; desde Francia, Inglaterra, Italia, Irlanda y Hungría, astrónomos y aficionados descubrieron y siguieron también la evolución de esta nova.

Pero la clave aquí no es la nova en sí, sino la nebulosa de Andrómeda. Inicialmente se pensaba que todos los objetos difusos, conocidos como nebulosas, formaban parte de nuestra galaxia. Tal es el caso de los cúmulos estelares galácticos formados por varios cientos de miles de estrellas. A finales del siglo XVIII comenzó una apasionante discusión entre los que proponían la tesis anterior y quienes pensaban que las nebulosas eran otras galaxias. Transcurrió más de un siglo sin que se llegara a ninguna conclusión y, en ese marco, en 1920 se organizó en la Academia de las Ciencias en Washington D.C. un debate entre dos famosos astrónomos estadounidenses, Harlow Shapley y Heber Doust Curtis. Se conoce como el «Gran Debate sobre la escala del universo». En él, Shapley defendía que las nebulosas con forma espiral eran nubes galácticas, donde se originaban sistemas planetarios como el sistema solar, y que nuestra galaxia, la única en el universo, era extensa, con el Sol ubicado lejos de su centro. Por su lado, Curtis argumentaba que dichas nubes eran galaxias como la nuestra, que la Vía Láctea era pequeña y que el Sol estaba cerca de su centro. En esta ocasión la nova de Andrómeda, observada en 1885, fue utilizada por Shapley como prueba a favor de su teoría: si Andrómeda fuese otra galaxia, y por tanto estuviese distante, el brillo alcanzado por la nova sería equivalente al de varios miles de millones de estrellas juntas. ¡Imposible!

En la segunda mitad de 1920, el renombrado astrónomo estadounidense Edwin Hubble (1889-1953) estimó la distancia a la nebulosa de Andrómeda y, aunque la infravaloró, quedó claro que Andrómeda estaba fuera de la Vía Láctea. Hubble se basó en las observaciones de un tipo de estrellas variables, las cefeidas, el brillo de las cuales aumenta y disminuye, mostrando un ciclo que se repite de forma regular. El tiempo que tarda una cefeida en realizar un ciclo completo se conoce como su periodo. A finales del siglo XIX la astrónoma estadounidense Henrietta Leavitt, una de las trabajadoras que fueron conocidas como «las calculadoras» del Observatorio de Harvard, analizó las placas fotográficas correspondientes a las observaciones de numerosas estrellas cefeidas y concluyó que su periodo de variación estaba relacionado directamente con el máximo brillo que alcanzaban. Por ejemplo, una cefeida con un periodo de variación de diez días es menos brillante que otra con un periodo de variación de treinta días. Esta relación se conoce hoy como ley de Leavitt, y nos permite saber la luminosidad de una de estas estrellas variables observando su periodo. A partir de la luminosidad, podemos estimar la distancia a la que se encuentra: cuanto más distante, más débil la vemos. Basándose en las cefeidas observadas en Andrómeda, Hubble concluyó que esa nebulosa era en realidad otra galaxia.

Cuando por fin se amplió el horizonte del universo, otras nebulosas pasaron a ser nuevas galaxias. En los años siguientes se fueron descubriendo decenas de novas en Andrómeda mucho menos brillantes que la de 1885, y se hizo evidente que había dos tipos de novas. Unas eran poco frecuentes y extremadamente brillantes y las otras, más frecuentes y menos relucientes. En 1934 los astrónomos Walter Baade (1893-1960) y Fritz Zwicky (1898-1974), investigadores en el gran Observatorio de Monte Wilson, en California, propusieron llamar «novas» a las de menor brillo, y «supernovas» a las más fulgurantes. Quedaba por resolver el problema planteado por Shapley, ese «brillo imposible» de las supernovas, equivalente al de toda una galaxia. En la imagen de la página contigua se muestra la supernova 2007af en la galaxia NGC 5584. ¿Cómo puede ser tan brillante? Baade y Zwicky calcularon que tamaño fulgor requería de mucha energía y propusieron una idea genial: ¿Y si lo que sucede es que una estrella normal se transforma en una estrella de neutrones? Pues acertaron, porque, básicamente, ese es el mecanismo de explosión de las supernovas de colapso gravitatorio, como veremos más adelante.

La SN2007af (punto blanco a la derecha del centro de la galaxia) en la galaxia espiral NGC 5584.

## HENRIETTA S. LEAVITT, UNA GRAN ASTRÓNOMA

Henrietta Swan Leavitt nació en Lancaster, Massachusetts, Estados Unidos, el 4 de julio de 1868. A la edad de veinte años comenzó sus estudios superiores en la Sociedad para la Educación de las Mujeres, donde se formó en griego, arte, filosofía, geometría analítica y cálculo diferencial. Solo en el último año realizó cursos de astronomía. Se graduó en 1892 y, posteriormente, viajó por Europa y Norteamérica. En esta época, a causa de una enfermedad, perdió la audición.

### *Leavitt en el Observatorio de Harvard*

Tres años después de graduarse, comenzó a trabajar como voluntaria en el departamento de análisis de placas fotográficas del Observatorio del Harvard College, en el que sería contratada como simple asistente siete años después, en 1902. Su trabajo, junto con el de otras compañeras, consistía en analizar cientos de placas fotográficas para clasificar las estrellas según su brillo aparente y sus colores, una tarea necesaria pero muy rutinaria y poco reconocida. A aquellas mujeres ciertamente se las conocía como «las calculadoras de Harvard», pero había otro sobrenombre muy popular que también circulaba por los pasillos de esa institución: «el harén de Pickering», por Edward Charles Pickering, director del observatorio, que fue quien decidió contratarlas. Y es que las mujeres mucho más baratas que los hombres; de hecho, solo recibían un salario de forma ocasional. Eran tiempos en que las mujeres, independientemente de su talento y formación, tenían prácticamente vetado el acceso a la universidad. Pero sin duda la tarea de Swan Leavitt fue ingente: analizó y clasificó más de dos mil estrellas variables, y parte de este trabajo fue publicado en los Anales del Observatorio de Harvard en 1908: «1777 Variables in the Magellanic Clouds».

### *Midiendo distancias en el universo*

En 1912, tras haber estudiado durante varios años las propiedades de las estrellas variables cefeidas en la Pequeña Nube de Magallanes, la astrónoma identificó una relación entre el brillo y el periodo, como se muestra en la figura: las estrellas más brillantes tienen periodos de variación mayores. Lo importante es que esta relación permite predecir el brillo intrínseco —o luminosidad— de una cefeida a partir de su periodo. Aunque nunca obtuvo el reconocimiento merecido, el suyo fue un hallazgo revolucionario. Conocida la luminosidad y midiendo el brillo aparente, se podía calcular la distancia a la que se hallaba

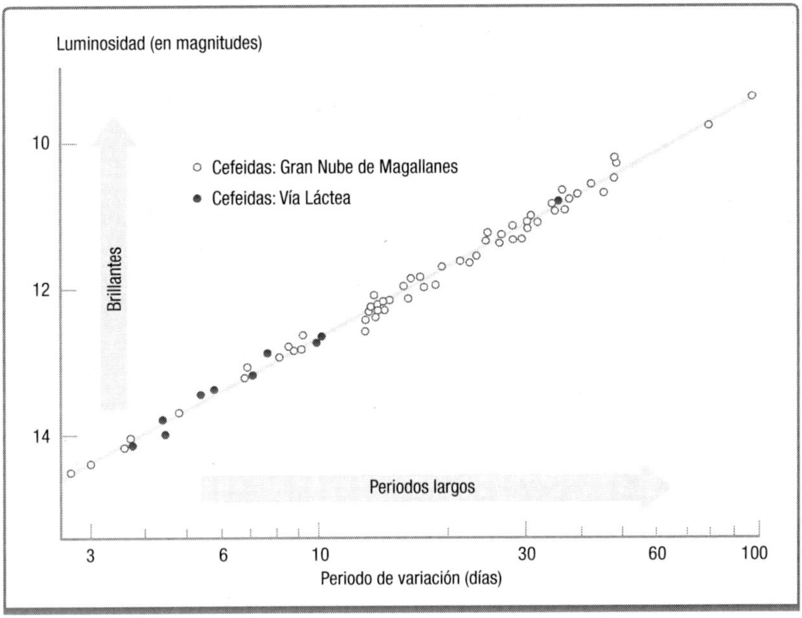


la fuente emisora de luz. Ni más ni menos: Henrietta había encontrado la forma de medir distancias en el universo.

### ***Merecedora de un Nobel***

En 1921, con apenas cincuenta y tres años, la astrónoma falleció a causa de un cáncer. Cuatro años después de su muerte, desconociendo lo sucedido, el matemático Gösta Mittag-Leffler, miembro de la Academia Sueca de las Ciencias, le escribió una carta, comunicándole su intención de proponerla para el premio Nobel de 1926. Mittag manifestaba su profundo reconocimiento por el admirable descubrimiento de la ley empírica que conecta la luminosidad con el periodo de las cefeidas. Había sido el profesor Von Zeipel, de la Universidad de Uppsala, quien le había informado de tal hallazgo. A esta carta contestó Harlow Shapley, entonces director del Observatorio del Harvard College. Shapley reconocía que la ley de las cefeidas era una poderosa herramienta, y que Hubble y él mismo la habían usado para estimar distancias a cúmulos estelares y nebulosas, con resultados que los hicieron famosos. Al final de su carta, Shapley reconocía que si Henrietta S. Leavitt hubiese tenido libertad para investigar en vez de tener que dedicarse al necesario y pesado trabajo rutinario que tenía asignado, sus contribuciones científicas hubiesen sido aún más brillantes.

## INVENTARIO DE SUPERNOVAS

Hemos identificado las supernovas históricas por el año en que fueron detectadas; de hecho, este es el criterio que se sigue para bautizarlas: la abreviatura SN seguida del año en que fueron avistadas, como por ejemplo, SN1006, SN1054, SN1572 o SN1604. Para las supernovas históricas, esta denominación es suficiente, ya que no hay dos en el mismo año. Pero en paralelo a la mejora de los telescopios se fueron descubriendo más y más supernovas, por lo que se decidió añadir una letra cuyo orden alfabético se corresponde con el cronológico del descubrimiento; la SN1987A fue la primera supernova descubierta en el año 1987. Esta supernova, que ocurrió en la Gran Nube de Magallanes, es la más cercana que hemos podido observar con instrumentos. Como veremos en el capítulo siguiente, la 1987A es famosa por dos primicias: la identificación de su estrella progenitora y la detección de neutrinos (partículas subatómicas sin carga y casi sin masa). Actualmente se observan cientos de supernovas por año, por lo que al acabar el abecedario se añade una segunda letra, ambas en minúscula, siguiendo el mismo criterio anterior: la supernova 2016ad sería la número 30 descubierta en 2016 (se emplean 26 letras del alfabeto, se excluye la ñ y las combinaciones de dos letras. En este caso, entre la «a» a la «d» de la nueva vuelta de abecedario, van 30).

La astronomía ha ido avanzando en paralelo a las técnicas de observación y análisis. La introducción de la fotografía a finales del siglo XIX supuso un salto de gigante. En las placas fotográficas se tenía un registro permanente y, tras tiempos de exposición largos, se observaban detalles que escapaban al ojo. Se fueron construyendo telescopios con espejos más grandes, que recogían más luz, y permitían así observar fuentes más lejanas. En 1814 el óptico alemán Joseph Fraunhofer (1787-1826) descubrió que el espectro solar contenía cientos de líneas oscuras, las líneas espectrales. Anteriormente, el gran físico inglés Isaac Newton (1643-1727) ya había descubierto, empleando dos prismas, que la luz blanca del Sol se dispersaba en una serie continua de colores (figura 1), que llamó *spectrum*. Posteriormente, en 1859, el químico alemán Robert Bunsen (1811-1899) y el físico prusiano Gustav Kirchhoff (1824-1887) comprendieron que cada elemento químico producía un conjunto de líneas espectrales característico. Una vez conocidas las líneas a través de los espectros obtenidos en el laboratorio, estas podían identificarse en el espectro de una estrella o de una galaxia y así conocer su composición química. Se había descubierto uno de los pilares fundamentales de la astrofísica, la espectroscopia, en la que se basa el análisis de la composición química de los objetos astronómicos. La construcción de espectrógrafos para todo el rango de longitudes de onda de la radiación electromagnética sigue siendo hoy día un reto tecnológico.

Un ejemplo de la utilidad de esta técnica queda patente al observar el espectro del sistema estelar conocido como Eta Carinae (figura 2), un sistema compuesto por dos estrellas masivas, muy próximas entre sí, que pierden grandes cantidades de masa en forma de vientos estelares. El sistema se halla situado a 10 000 años-luz y lo más probable es que ambas estrellas terminen explotando como supernovas de colapso gravitatorio. A menudo las distancias en astronomía se expresan en años-luz, una unidad de dis-

FIG. 1

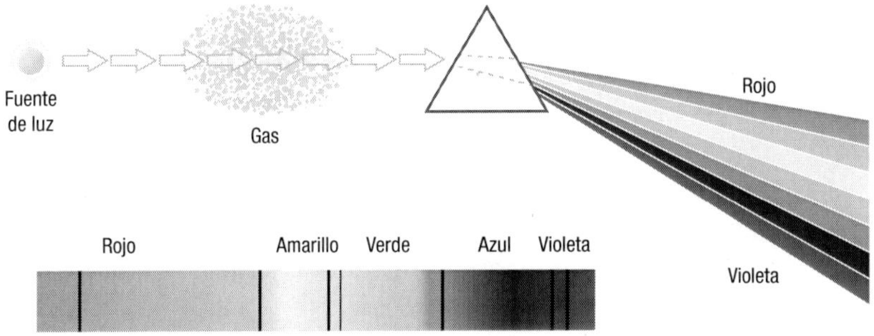


La imagen muestra cómo se produce un espectro de absorción; se llama «de absorción» porque, en este caso, el gas absorbe parte de la luz de la fuente, dejando su huella en forma de líneas oscuras, situadas a longitudes de onda características. Como en el arcoíris, la zona roja se corresponde con longitudes de onda más largas, y la azul, con longitudes de onda más cortas.

tancia que indica los años que la luz, a su velocidad constante de unos 300 000 km/s, tardaría en recorrer un trayecto determinado. En este caso, la luz ha necesitado 10 000 años para llegar desde Eta Carinae al telescopio.

El astrónomo germano-estadounidense Rudolph Minkowski fue el primero en obtener un espectro de una supernova en 1941, tras lo cual propuso clasificarlas en base a la presencia de ciertos elementos químicos y a la forma de su curva de luz, es decir, según la evolución de su brillo o luminosidad en el tiempo. Minkowski se basó en la presencia o no del elemento más abundante del universo, el hidrógeno. La primera supernova que observó no tenía hidrógeno y caracterizó a las de tipo I, mientras que las que mostraban hidrógeno fueron clasificadas como de tipo II. Hoy día se mantiene esta clasificación y se han añadido varios subgrupos (figura 3). Gracias a las distintas curvas de luz y sus características correspondientes se pueden describir los distintos tipos de supernova (figura 4).

Para conocer la velocidad a la que se mueve la fuente emisora de luz en relación al receptor se recurre al efecto Doppler de la radiación (figura 5). Probablemente todos lo hemos experimentado en el contexto del sonido: cuando un tren se acerca a nosotros emitiendo el característico pitido de llegada a la estación, apreciamos un sonido agudo —longitud de onda corta— mientras que cuando se aleja, el sonido se percibe como más grave —longitud de onda larga—. Este mismo efecto se produce en el espectro de los objetos astronómicos. Si en el laboratorio, en condición de reposo, las líneas que caracterizan a un elemento químico están en determinadas posiciones —o longitudes de onda—, esas líneas se desplazarán a longitudes de onda mayores o menores dependiendo de que la fuente emisora se aleje o se acerque, respectivamente, a la Tierra. De esta forma es posible determinar la velocidad a la que se mueve el material tras la explosión de una supernova. Tanto las de tipo I como las de tipo II presentan velocidades altísimas, de miles de kilómetros por segundo. Si empleamos unidades que nos resultan más familiares, como kilómetros por hora (km/h), veremos que 10 000 km/s, una velocidad típica de las capas en expansión de las supernovas, equivale a 36 000 000 km/h

FIG. 2

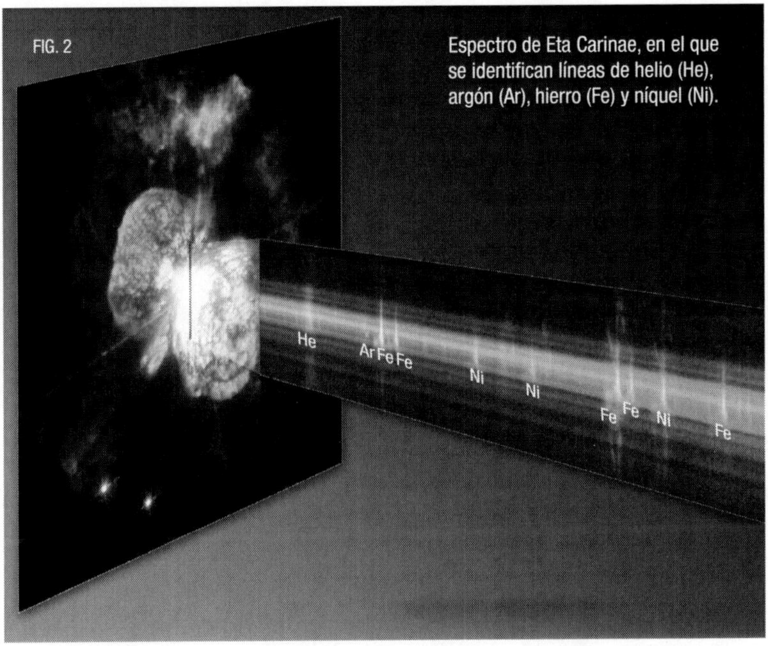


Espectro de Eta Carinae, en el que se identifican líneas de helio (He), argón (Ar), hierro (Fe) y níquel (Ni).

FIG. 3

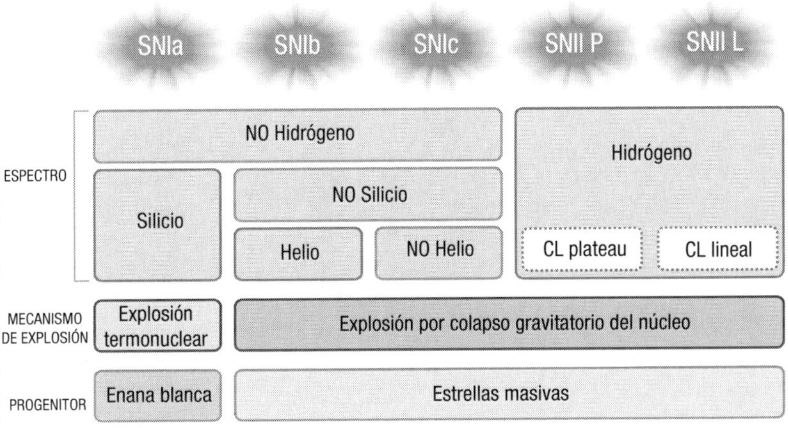


Clasificación de las supernovas en función de su espectro y su curva de luz (CL). También se indica el mecanismo de explosión y el tipo de progenitor.

FIG. 4

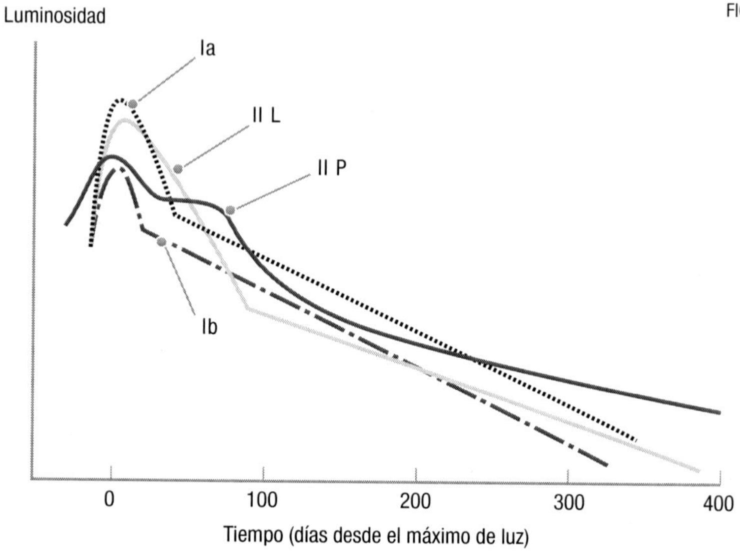


Curvas de luz de diversos tipos de supernova. Se hace coincidir el día en el que alcanzan el máximo brillo.

FIG. 5

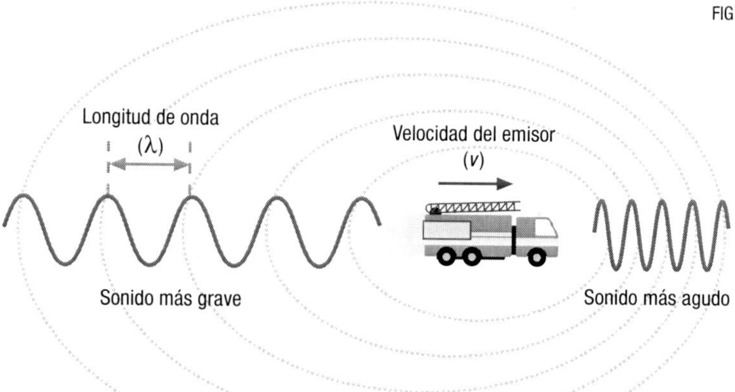


Efecto Doppler: cuando el camión se aproxima a nosotros, percibimos el sonido de su sirena más agudo (menor longitud de onda), mientras que cuando se aleja el sonido es más grave (mayor longitud de onda).

(36 millones; dado que 1 hora se compone de 3600 segundos). La máxima velocidad alcanzada en fórmula 1 no llega a los 400 km/h, y los aviones supersónicos pueden volar a pocos miles de kilómetros por hora. Como vemos, no solo la energía radiada por las supernovas, que da lugar a su brillo, es enorme, también lo es la energía asociada al movimiento, su energía cinética (1/2 del producto de su masa $M$ por su velocidad $V$ al cuadrado, 1/2 $MV^2$).

## DESCUBRIMIENTO Y SEGUIMIENTO DE SUPERNOVAS

Nadie puede predecir cuándo ni dónde aparecerá una supernova. Las primeras supernovas se descubrieron accidentalmente, en muchos casos por aficionados. Luego, la construcción de mejores y mayores telescopios, la fotografía y la espectroscopia impulsaron la astronomía y el conocimiento de estas gigantescas explosiones estelares. La primera fotografía astronómica digital se tomó en 1974; de nuevo, la tecnología hizo posible una revolución. En la década de 1980 se fueron equipando los nuevos telescopios con unos detectores digitales bidimensionales llamados CCD (*Charge Coupled Device* o dispositivos de carga acoplada), mucho mejores que las placas fotográficas, capaces de aumentar la precisión en la medida del brillo de un objeto en un factor superior a 20. Hoy en día todos estamos familiarizados con ellos, pues los tenemos en nuestras cámaras fotográficas digitales. Sus inventores, los físicos Willard Boyle y George E. Smith, fueron galardonados con el premio Nobel de Física en 2009.

En el año 1990, ante las nuevas posibilidades que se abrían con las cámaras digitales CCD, un grupo de astrónomos inició un proyecto en Chile con el objetivo de descubrir estrellas visitantes de forma sistemática y aumentar así el número de supernovas observadas. Fue un éxito rotundo. En tres años habían detectado y analizado 50 supernovas. El proyecto se llamó Calán&Tololo, haciendo referencia a los dos observatorios implicados, ambos situados en Chile: el de Cerro Calán (del Departamento de Astronomía de la Universidad de Chile) y el Interamericano de Cerro Tololo. La estrategia consistía en observar extensas zonas del cielo, que incluían cientos de galaxias, y repetir las observaciones cada dos semanas. Como se esperan unas dos supernovas por siglo en cada galaxia, observando cientos de galaxias se garantizaba el descubrimiento de varias supernovas. Posteriormente, se restaban las imágenes de todos los objetos con brillo constante, quedando solo aquellos objetos cuyo brillo varía en escalas de tiempo de semanas, como el de las supernovas (ver las curvas de luz en la figura 4). Esta sencilla técnica, que resulta evidente observando las fotografías tomadas por la nave espacial Swift de la NASA de la página contigua, requiere telescopios dedicados a ello a tiempo completo y ha hecho posible la detección de varios cientos de supernovas cada año. Por ejemplo, en 2015 se detectaron más de 850 supernovas. Este es el mismo método de detección que emplearon los dos equipos que descubrieron la aceleración de la expansión del universo.

Una vez identificada una candidata a supernova, se envía un telegrama al *Central Bureau for Astronomical Telegrams*, el servicio de telegramas astronómicos que opera desde Cambridge, Massachusetts, de la Unión Astronómica Internacional. El telegrama se publica inmediatamente en la web, accesible a la comunidad científica, informando de la posición del objeto y facilitando todos los datos conocidos hasta ese momento. De esta forma, los observatorios interesados y desde los que sea visible la supernova, pueden planificar sus observaciones. Tras el descubrimiento, el primer paso es obtener un espectro, pues ello permite confirmar que se trata realmente de una supernova y saber si es de tipo I o de tipo II. La curva de luz se obtiene realizando observaciones cada noche, empleando distintos filtros diseñados para rangos específicos de longitudes de onda. Lo ideal es cubrir al máximo posible el espectro electromagnético y también es interesante obtener espectros en distintas épocas. Inicialmente, el espectro nos mostrará la composición química de las capas más externas y, conforme la supernova se vaya expandiendo a miles de kilómetros por segundo, haciéndose cada vez más transparente, también la de las capas más profundas.

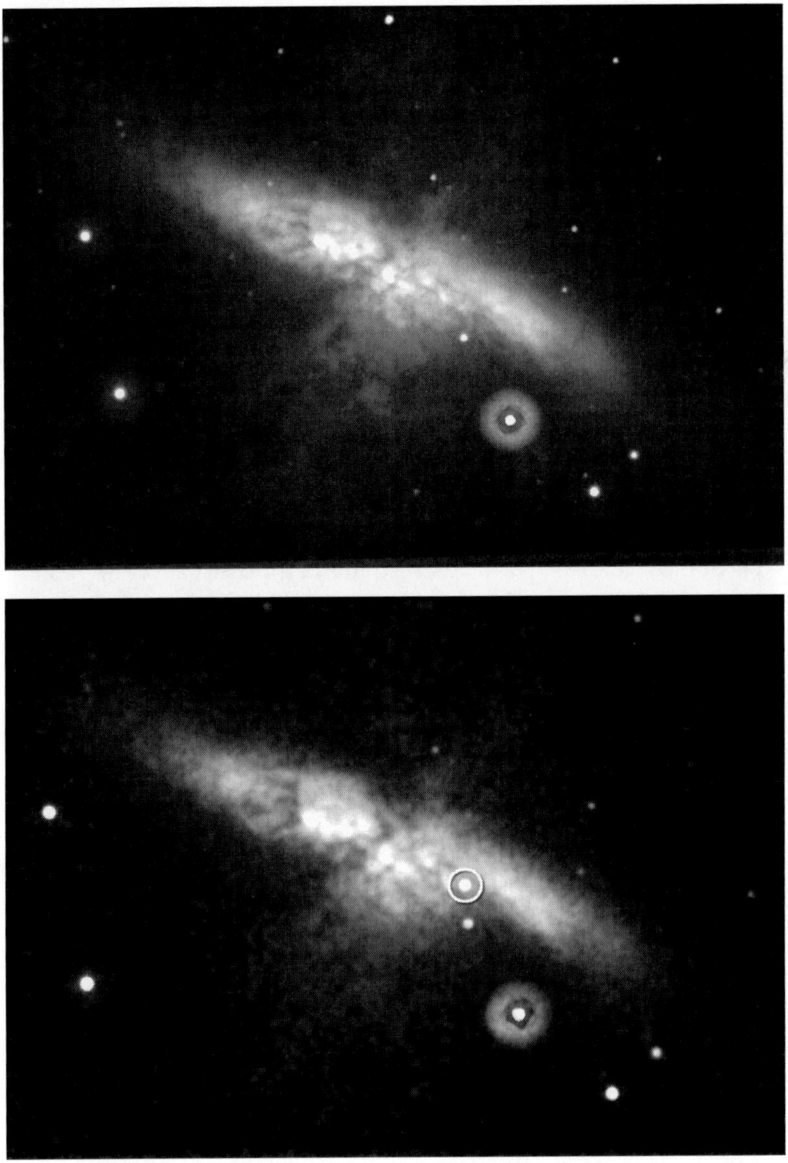

Detección de la SN2014J (rodeada de un círculo) en la galaxia M82. En la primera imagen se muestra la galaxia antes de la explosión de la supernova. En este caso la supernova no parece muy brillante debido a la presencia de grandes cantidades de polvo, que absorbe la luz, en esta galaxia.

Las observaciones de calidad son fundamentales para contrastar los modelos teóricos y confirmar o descartar las suposiciones realizadas en los mismos. Desde la SN1885 el Observatorio Astronómico de Asiago (Pádova, Italia) mantiene actualizado un registro de supernovas, conocido como el Catálogo de Supernovas de Asiago (accesible en la web). Desde los telescopios en tierra podemos cubrir una parte importante del espectro electromagnético —radio, visible e infrarrojo— pero para las observaciones a longitudes de onda más corta, como el ultravioleta, radiación X y gamma, necesitamos observatorios espaciales. Nuestra atmósfera nos protege, afortunadamente, frente a esas radiaciones tan energéticas y dañinas para la vida.

## LO QUE QUEDA: REMANENTES DE SUPERNOVA Y ECOS DE LUZ

Nos hemos referido ya a los remanentes observados de las supernovas históricas. Excepto la supernova de Andrómeda, todas las supernovas históricas ocurrieron en nuestra galaxia; su proximidad las hizo visibles a simple vista. Los remanentes son los restos de esas supernovas que observamos cientos de años después de la explosión, cuando ya no son brillantes. De hecho, empleando telescopios de última generación, solo podemos detectar los remanentes que están en nuestra propia galaxia o en galaxias cercanas. Los remanentes se descubrieron observando las longitudes de onda de radio y del espectro visible. Un gran paso adelante, de nuevo de mano de los avances técnicos, fue la posibilidad de observar su emisión en radiación X. El espectro X nos informa de la composición química del remanente. Para ello fue necesario lanzar los telescopios al espacio, fuera de la atmósfera, y contar con la instrumentación adecuada.

Pero... ¿cómo es un remanente? Se trata de un objeto extenso y poco denso que nos muestra toda la supernova. Analizando el espectro correspondiente a cada zona, podemos conocer la distribución espacial de los distintos elementos químicos y las posibles asimetrías producidas en la explosión, como se ve en la fotografía del remanente de la supernova Casiopea A que se muestra en la pág. 37. En general, esto no es posible en el caso de las estrellas.

Si descubrimos un remanente, ¿podemos saber cuándo explotó la supernova que lo originó? Conociendo la distancia a la que está, podemos deducir su tamaño —o radio—, y midiendo su velocidad, a partir de dos imágenes separadas por unos años, obtener su edad dividiendo el radio por la velocidad (edad = radio/velocidad). En el razonamiento anterior hemos hecho dos suposiciones, que el remanente es aproximadamente esférico y que la velocidad de expansión no se ha modificado. De esta forma se estima que la edad del remanente de Casiopea A es de unos 300 años. Pero atención: esto no significa que la supernova explotase hace 300 años, sino que es el tiempo transcurrido entre la explosión y el remanente observado. ¿Cuándo explotó la supernova? A esa edad obtenida habrá que sumar el tiempo que tarda la luz en llegar a la Tierra. El remanente de la supernova de Casiopea A se encuentra a 10 000 años-luz; por lo que la explosión se produjo hace unos 10 300 años. Cuando los astrónomos chinos observaron la SN1054 vieron lo que había ocurrido 6 000 años antes y Tycho Brahe observó la explosión de su supernova 13 000 años después. Conviene familiarizarse con la idea de que la distancia es tiempo. Actualmente observamos explosiones de supernovas que ocurrieron hace más de 8 000 millones de años.

El descubrimiento reciente de los ecos de luz nos permite estudiar las supernovas hasta cientos de años después de la explosión. Igual que el sonido rebota en una pared devolviéndonos el eco, la luz de una supernova se refleja en las nubes de polvo que se encuentran en el espacio, y regresa a la Tierra. Los primeros ecos identificados de una supernova fueron los de la supernova de tipo II 1987A, detectados veinte años después de la explosión. En 2008 se descubrió el eco de la supernova de Tycho; la luz de esta explosión, que llegó a la Tierra en 1572 cuando aún no se disponía de telescopios, volvía a ser recibida 436 años después. En esta segunda ocasión, el desarrollo instrumental permitió el análisis espectroscópico y su clasificación como supernova de tipo Ia. Las intensidades de las señales de los ecos son débiles, por lo que detectarlos y descifrarlos, teniendo en cuenta la distribución del polvo que los causa, es todo un reto. Los ecos de luz constituyen una nueva y poderosa herramienta; pueden permitir, por ejemplo, reconstruir curvas de luz de supernovas no detectadas próximas a la explosión. Se han detectado ecos de supernovas galácticas y de la Gran Nube de Magallanes.

## TASA DE NATALIDAD DE SUPERNOVAS Y GALAXIAS ANFITRIONAS

Con la técnica de observación descrita anteriormente es posible detectar varias supernovas en una sola noche. Pero ¿cuántas? y ¿de qué depende? Por un lado, depende del número de galaxias que podamos observar: con un telescopio con un espejo mayor y de gran campo, observaríamos más galaxias y aumentaría la probabilidad de detectar supernovas. Por otro lado, avistarlas o no dependerá del número de supernovas por año que explotan en cada galaxia, es decir, de la tasa de nacimientos o ritmo de producción de supernovas. Este ritmo suele expresarse en función del tipo morfológico de la galaxia (elíptica, lenticular, espiral, irregular) o bien de alguna otra propiedad de la galaxia, como su masa o luminosidad.

Las supernovas de tipo Ia (SN termonucleares) ocurren en todo tipo de galaxias, incluidas aquellas en las que la formación estelar cesó hace varios miles de millones de años (como las galaxias elípticas y lenticulares), mientras que las supernovas de tipo II, Ib y Ic (SN de colapso gravitatorio) se encuentran asociadas solo con galaxias —y zonas dentro de la galaxia— en las que hay formación estelar (como las irregulares y espirales). Este dato observacional indica que los progenitores de las supernovas de colapso gravitatorio son estrellas que evolucionan rápidamente, mientras que las supernovas termonucleares deben estar relacionadas tanto con progenitores de evolución rápida como de evolución lenta. En los siguientes capítulos veremos que la masa de la estrella determina también su tiempo característico de evolución; las estrellas masivas evolucionan más rápido que las de baja masa. De acuerdo con lo que explicábamos en la introducción, los progenitores de las supernovas de colapso

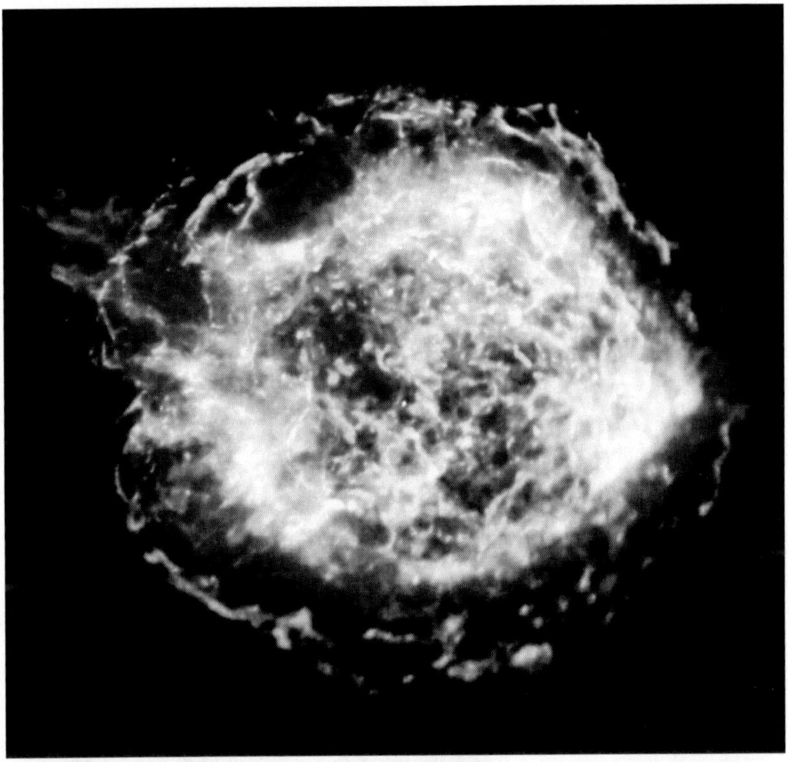

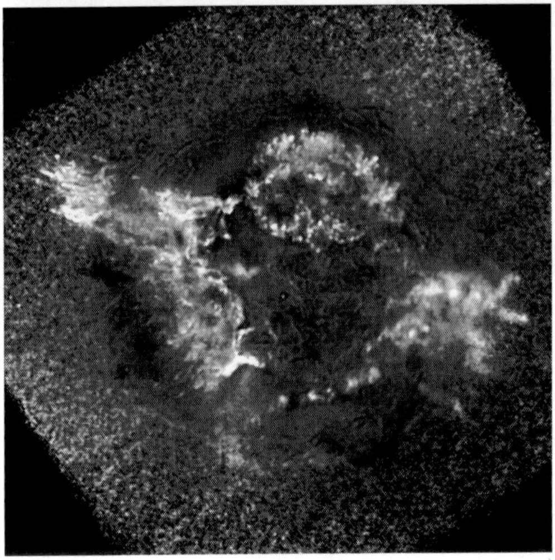

La imagen superior pertenece al remanente de la supernova Casiopea A. Está tomada en rayos X, con alta resolución espacial, por el satélite Chandra. Los colores indican zonas a distinta temperatura. En la foto inferior se muestra la distribución de silicio.

## METEORITOS: PEDAZOS DE ESTRELLA O DE SUPERNOVA EN EL LABORATORIO

Aunque la mayor parte de la información que tenemos de la composición química de las estrellas y, en general del universo, nos llega a través de su luz —o radiación electromagnética—, existen otros mensajeros muy especiales y precisos: los meteoritos. Tener uno de ellos en la mano es como sostener un trocito de estrella o de supernova. Los meteoritos contienen pequeños granos de polvo, con tamaños del orden de una micra (la millonésima parte de un metro) que se formaron en las extensas y frías envolturas de las estrellas y de las supernovas ¿Cómo sabemos que estos granos se originaron fuera del sistema solar? Pues por su composición química, muy diferente a la del sistema planetario en el que habitamos. Tras formarse, estos granos fueron expulsados por las supernovas o los vientos estelares al medio interestelar. Alrededor del 1 % de la masa del medio interestelar se halla en la forma de polvo cósmico, una de las principales fuentes de extinción de la luz de las estrellas. La nube, llamada nebulosa protosolar, a partir de la cual se formó el sistema solar, contenía ya estos granos de polvo y algunos de ellos quedaron atrapados en los asteroides. Las colisiones de rocas contra los asteroides arrancan trozos de los mismos y, en algunos casos, estos trozos caen a la Tierra: son los meteoritos. Algunos son pequeños y otros tan grandes que, al impactar contra la superficie terrestre, forman un cráter, como los que observamos en la Luna.

### *Información caída del cielo*

Los granos de polvo estelares obtenidos a partir de los meteoritos nos aportan información del sitio donde se formaron, fuera una supernova o una estrella concreta. Los meteoritos y también las rocas de la Luna —las misiones Apolo recogieron 382 kg— nos permiten un análisis preciso y detallado de su composición química. Teniendo la muestra en nuestros laboratorios, podemos emplear todos los avances técnicos en la instrumentación y distinguir isótopos de un mismo elemento. Mientras que realizando espectroscopia estelar es muy difícil o imposible distinguir entre isótopos, en un meteorito distinguimos, por ejemplo, entre $^{16}O$, $^{17}O$ y $^{18}O$, núcleos de oxígeno con 8 protones —que definen el oxígeno— pero con 8, 9 o 10 neutrones, respectivamente. Debido a que las reacciones nucleares destruyen y producen núcleos con un determinado número de protones y neutrones, la información de los isótopos resulta ser la más valiosa.

### *Polvo estelar repleto de datos*

Los granos que encontramos y analizamos en los meteoritos se formaron alrededor de las estrellas y las supernovas, por lo que su análisis nos aporta información de la nucleosíntesis estelar y explosiva. Además, mientras que realizando espectroscopia estelar podemos tener errores en las abundancias químicas estimadas del 10-20 %, analizando meteoritos los errores son cien veces menores. Una diferencia importante respecto a la espectroscopia estelar es que, en el caso de los granos de

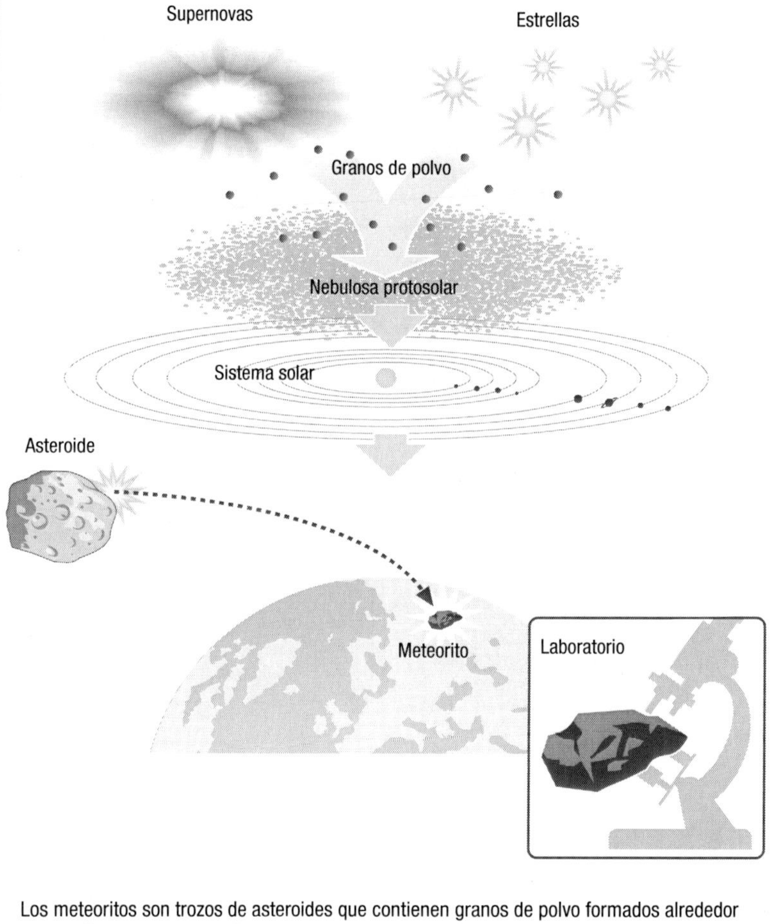


Los meteoritos son trozos de asteroides que contienen granos de polvo formados alrededor de estrellas y supernovas. Estos granos viajaron desde su lugar de origen hasta la nebulosa protosolar, a partir de la que se formó el sistema solar.

polvo, desconocemos el objeto en el que se formaron. Son las peculiaridades de la composición química de los granos las que nos permiten conocer el tipo de estrella o supernova en donde se originaron. El análisis de estos granos de polvo estelares constituye, como muestra la figura, una nueva rama interdisciplinar de la astrofísica, donde confluyen la física nuclear, la nucleosíntesis y la química.

gravitatorio son estrellas masivas y los de las de tipo Ia, enanas blancas, descendientes de estrellas poco masivas (véase la figura 3). Como una estrella de baja masa aislada no tiene forma de explotar, para producir una supernova Ia es necesario un sistema binario. Otro dato: en aquellas galaxias en las que se producen ambos tipos de supernovas, las de colapso gravitatorio son más frecuentes.

La tasa de natalidad de cada tipo de supernova está a su vez relacionado con la historia de la formación estelar, con los tiempos de evolución de las estrellas progenitoras de las supernovas y, dado que cada tipo de supernova enriquece el medio interestelar aportando distintos elementos químicos, también con la evolución de los elementos químicos en las galaxias y en el universo. Un puzle inmenso en el que todas las piezas deben encajar.

# Supernovas de colapso gravitatorio

Ya hemos clasificado las supernovas en base a sus propiedades observadas. Mientras que las supernovas de tipo I no muestran hidrógeno en su espectro durante la época de su máximo de luz, las de tipo II sí lo hacen. Sin embargo, los dos mecanismos de explosión mencionados, la explosión termonuclear y el colapso gravitatorio, no se corresponden exactamente con esta clasificación. Las supernovas de colapso gravitatorio son las de tipo II y parte de las de tipo I, en concreto las denominadas de tipos Ib y Ic. Por su lado, son supernovas termonucleares las clasificadas como de tipo Ia. Los progenitores de las primeras (II, Ib y Ic) son las estrellas masivas y los de las segundas (Ia), las enanas blancas, descendientes de las estrellas de baja masa (véase la figura 3 del primer capítulo).

Las reacciones nucleares son la fuente de energía más importante en la evolución estelar. Se llaman «nucleares» porque en ellas intervienen los núcleos atómicos. Un núcleo atómico está formado por protones (partículas con carga positiva) y neutrones (partículas neutras, como indica su nombre, con casi la misma masa que el protón). El número de protones caracteriza e identifica a los distintos elementos químicos: hidrógeno 1, helio 2, carbono 6, nitrógeno 7, oxígeno 8 o plomo 82. Un mismo elemento como el carbono (6 protones), puede tener en su núcleo 6 neutrones ($^{12}C$), 7 neutrones ($^{13}C$) o bien 8 neutrones ($^{14}C$): se trata de los tres isótopos del carbono, en los que cambia su masa pero siguen siendo el mismo elemento. El número indicado representa la suma de protones y neutrones —se les llama nucleones— y también puede especificarse el número de protones (ya conocido por el símbolo, C): $^{13}_{6}C$. La masa de un núcleo atómico (véase la estructura del átomo en la figura 1) está determinada por el número de nucleones —protones y de neutrones— y es prácticamente igual a la masa del átomo. Fuera del núcleo están los electrones (con una carga equivalente a la de los protones, pero negativa) que pesan muy poco. La masa del electrón es 1836 veces menor que la masa del protón. En las estrellas, las altas temperaturas que imperan en sus regiones internas, mantienen a los átomos totalmente *ionizados*, es decir, los electrones se hallan desligados de sus núcleos.

La primera reacción nuclear energéticamente importante que tiene lugar en el interior de todas las estrellas consiste en la fusión de cuatro núcleos de hidrógeno ($^{1}H$) para producir uno de helio ($^{4}He$, con 2 protones y 2 neutrones). Realmente no es una sola reacción, sino un conjunto de reacciones cuyo resultado global es ese. Durante la segunda reacción se fusionan tres núcleos de $^{4}He$ para producir uno de $^{12}C$ (figura 2). Si en el platillo de una balanza colocamos los tres núcleos de $^{4}He$ y en el otro platillo el núcleo de $^{12}C$, la balanza se inclina hacia el platillo de los tres núcleos de $^{4}He$. La masa que se ha perdido en esa reacción multiplicada por la velocidad de la luz al cuadrado, nos da la energía que se obtiene. Se trata de la más popular de las ecuaciones de Einstein: $E=mc^2$. Esta energía es la energía nuclear, fundamental en toda la evolución estelar y en las explosiones de supernova.

La zona más caliente en una estrella es su centro; la temperatura, la densidad y la presión disminuyen desde el centro a la superficie. La combustión de hidrógeno tiene lugar en el corazón de la estrella, aproximadamente en un núcleo que contiene el 20-30% de su masa total. Por ejemplo, en una estrella 25 veces

FIG. 1

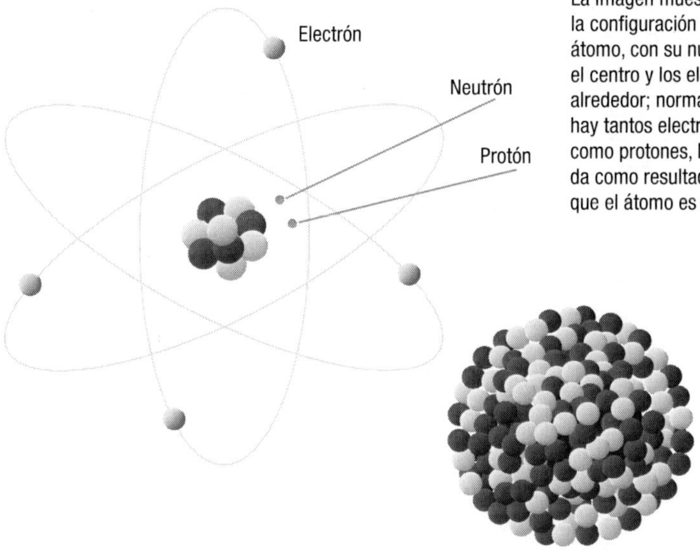


La imagen muestra la configuración de un átomo, con su núcleo en el centro y los electrones alrededor; normalmente hay tantos electrones como protones, lo que da como resultado que el átomo es neutro.

82 protones Plomo $\rightarrow$ (Pb)

FIG. 2

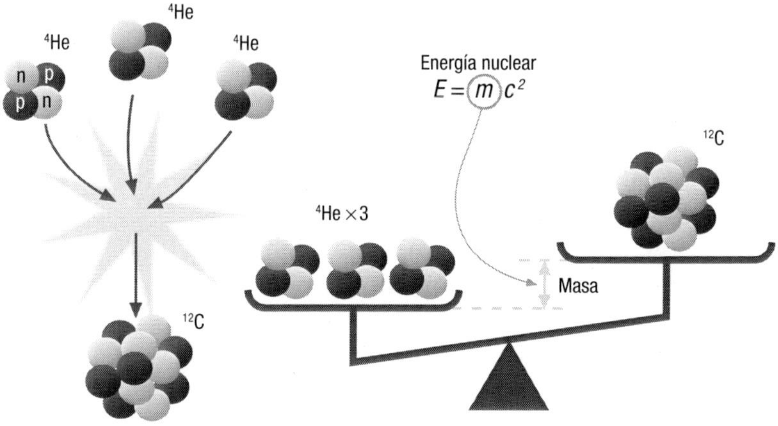


La famosa ecuación de Einstein cuantifica la energía que se produce en las reacciones nucleares estelares. La masa que se ha perdido en esa reacción, multiplicada por la velocidad de la luz al cuadrado, nos da la energía que se obtiene.

más masiva que el Sol y con una composición química similar a la de nuestro astro rey, la zona de combustión central de hidrógeno engloba las siete masas solares centrales. En astrofísica solemos referir todas las cantidades al Sol, de forma que llamando a la masa del Sol, $M_{Sol}$, hablaríamos de una estrella de 25 $M_{Sol}$. Cuanto más masiva es una estrella, más alta es la temperatura en su interior y, por tanto, más rápido se consume el hidrógeno y menos tiempo pasa la estrella en esta fase y en las posteriores. Las estrellas masivas son como los coches de carreras, necesitan quemar mucho combustible y lo agotan rápidamente. En cambio, las estrellas de baja masa son como los coches pequeños, avanzan pausadamente y no tienen que llenar el depósito tan frecuentemente.

Cuando se agota el hidrógeno en esta zona central la estrella se contrae por gravedad; esta contracción lleva a un aumento de la temperatura —y de la densidad— que conduce al inicio de nuevas reacciones nucleares. Ahora hay dos combustibles a disposición, el helio en la zona central y el hidrógeno, que sigue siendo el elemento más abundante en el resto de la estrella. Entonces comienza a quemarse el hidrógeno en la zona alrededor del núcleo de helio, y a esta combustión fuera del centro se le denomina «combustión en capa»; el helio que se va produciendo en esta capa va aumentando la masa del núcleo de este elemento. Seguidamente, comienza también la combustión de helio en el centro que produce $^{12}C$, el cual puede, a su vez, fusionarse con $^{4}He$, produciendo $^{16}O$, formándose así un núcleo rico en carbono y oxígeno. La estrella aumenta su radio, y se convierte en una gigante roja.

Agotado el helio en la zona central, la historia se repite: si la masa de la estrella es superior a unas 8 $M_{Sol,}$ la estrella se contrae, la temperatura aumenta y comienza la combustión del carbono en el centro, así como la del helio en una zona más externa, alrededor del núcleo de carbono y oxígeno, y del hidrógeno situado sobre la capa rica en helio. En una estrella masiva, una gran parte de la envoltura de hidrógeno se pierde a lo largo de su evolución en forma de vientos estelares. Si la masa de la estrella es superior a unas 10 $M_{Sol}$, la combustión central de carbono es seguida por la de neón (Ne), después por la de oxígeno y

FIG. 3

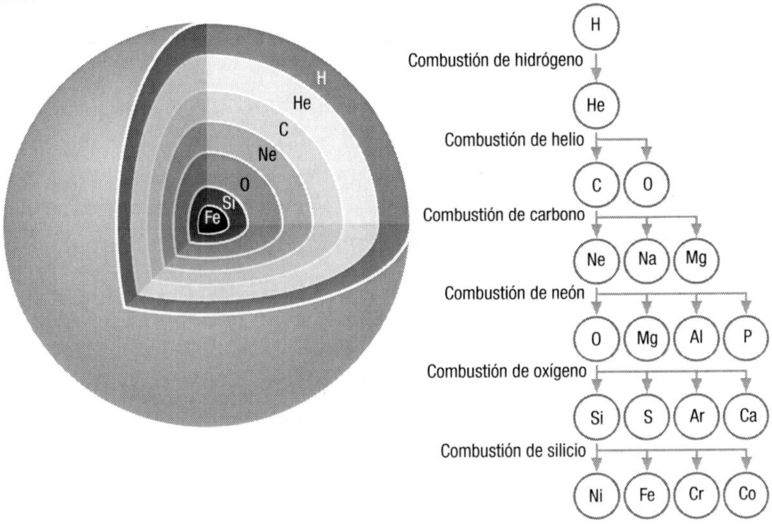


Resumen de los principales combustibles y productos que componen una estrella masiva, así como la llamada estructura de cebolla que adquiere la estrella antes de su explosión. Esta estructura, en capas de distinta composición química, refleja las reacciones nucleares que han ocurrido en el interior.

finalmente por la del silicio (Si). Progresivamente se van produciendo elementos más pesados, con más protones y neutrones, y el más abundante suele ser el siguiente combustible. En el interior, las temperaturas y densidades son cada vez más altas. Antes de explotar, la estrella presenta una estructura de cebolla (figura 3). En la parte más externa, donde no ha habido reacciones nucleares, tenemos la envoltura de hidrógeno, cuya extensión depende de la pérdida de masa experimentada por la estrella. Si la estrella ha perdido mucha masa en forma de vientos, llegará a esta fase con una envoltura de H pequeña.

La combustión del silicio produce el elemento más estable de todos, el hierro (Fe) y otros similares (el llamado grupo del Fe). Pero estos núcleos no se fusionan produciendo energía, sería necesario un aporte de energía para que lo hicieran. Por lo tanto en este punto se acaba la fuente de energía nuclear en el centro de la estrella. Nada se opone, de momento, a la gravedad.

Estas últimas fases de combustión, a partir de la ignición del carbono, se conocen como «fases avanzadas dominadas por los neutrinos», pues en ellas se producen neutrinos que modifican los tiempos característicos de evolución, acortándolos dramáticamente. Cuando se dan las altas temperaturas necesarias para que se produzcan tanto las reacciones de fusión del carbono como las sucesivas, se tiene suficiente energía para crear dos pequeñas partículas, concretamente un par electrón-positrón (figura 4). El positrón tiene la misma masa y carga del electrón pero su carga es positiva. La ecuación de Einstein nos indica la equivalencia entre masa en reposo y energía. Para formar una partícula de masa $m$, se necesita una energía $E = mc^2$. El lector podría calcular, teniendo en cuenta su peso (en kilogramos), la energía que sería necesaria para «crearlo» (en ese cálculo la velocidad de la luz debe expresarse en m/s, $c^2 = 9 \cdot 10^{16}$ m$^2$/s$^2$ y la energía se obtendría en las unidades correspondientes en ese sistema de medidas, en julios, J). En el caso del electrón, cuya masa es de $9{,}018 \cdot 10^{-31}$ kg, se puede estimar que la temperatura asociada a la energía necesaria para crearlo es del orden de 1 000 millones de grados. Justo la que encontramos en los centros de las estrellas masivas, a partir de la ignición del carbono. A su vez, el par electrón-positrón se atrae y puede aniquilarse, produciendo energía en forma de fotones —vuelta al punto inicial—, pero también puede aniquilarse produciendo neutrinos. Estos interaccionan muy débilmente con la materia, por lo que escapan de la estrella llevándose su energía.

¿Qué consecuencias tiene para la estrella esta pérdida de energía a través de los neutrinos? Los cálculos indican que esta energía es decenas o cientos de millones de veces superior a la que la estrella pierde en forma de luz —fotones—. La estrella trata de mantenerse estable y compensa esta gran pérdida produciendo más energía a través de las reacciones nucleares. Por ello, estos ciclos de combustión que ocurren en el interior de la estrella, son tan rápidos. Sin embargo, exteriormente la estrella no cambia su aspecto: todo ocurre muy deprisa en el interior, las capas externas no tienen tiempo para reaccionar y los neutrinos atraviesan la envol-

FIG. 4

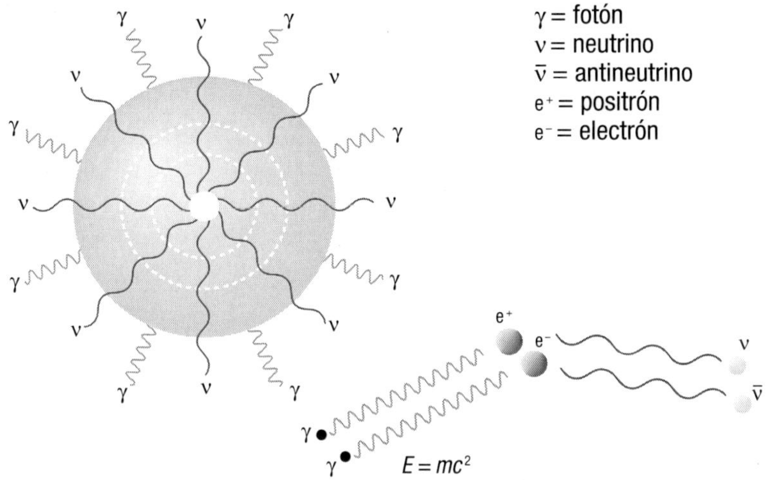


Emisión y producción de neutrinos en el interior de una estrella masiva. A temperaturas superiores a mil millones de grados, la energía es suficiente para producir un par electrón-positrón que puede aniquilarse, produciendo un neutrino y un antineutrino. La energía emitida por la estrella en forma de neutrinos supera en varios órdenes de magnitud a la emitida en forma de radiación electromagnética. La estrella compensa esta pérdida acelerando el ritmo de producción de energía nuclear, y los tiempos de evolución disminuyen drásticamente.

tura sin dejar huella. En principio, cualquiera de las estrellas masivas gigantes que observamos podría estar lista para la explosión. Por suerte, ninguna está lo bastante cerca de la Tierra como para que su radiación nos dañe.

Si calculamos teóricamente los tiempos característicos de las distintas fases de combustión para una estrella con 25 $M_{Sol}$, obtenemos que la estrella tarda unos seis millones de años en la fase de combustión central de hidrógeno y alrededor de medio millón de años en la de helio. La fase de combustión del carbono no llega a doscientos años, la del neón transcurre en menos de un año, el oxígeno se quema en cuatro meses y el silicio en un solo día. Esta vertiginosa «aceleración» de los tiempos característicos es provocada, como hemos visto, por la pérdida de energía debida a los neutrinos.

## TRAS EL COLAPSO DEL NÚCLEO, LA GRAN EXPLOSIÓN

El núcleo de hierro formado en el interior de la estrella masiva tiene una masa superior a la masa crítica de Chandrasekhar y, por ello, cae sobre sí mismo debido a la gravedad. En esta fase todo contribuye al colapso. Las altas temperaturas existentes provocan que los fotones energéticos rompan los núcleos atómicos en protones y neutrones, unas reacciones que consumen energía. A lo largo de la evolución se habían ido formado núcleos cada vez más pesados hasta llegar al hierro, y ahora se recorre velozmente el camino inverso, del hierro se pasa al hidrógeno (es decir, protones) y neutrones. En poco tiempo se deshace todo el trabajo de la síntesis de elementos químicos producto de la evolución estelar. Debido a las altas densidades existentes, los protones capturan electrones y forman neutrones, emitiendo neutrinos. Estos tres procesos —romper los núcleos, formar neutrones y emitir neutrinos— consumen energía, favoreciendo el colapso del núcleo. Se trata de una «caída libre», como la de un cuerpo cayendo por su peso en un campo gravitatorio, sin nada que lo detenga.

¿Parará este colapso? Este núcleo compuesto por neutrones «detiene» su propia caída al alcanzar densidades altísimas, del orden de la densidad de los núcleos atómicos, $10^{17}$ kg/m$^3$: en esa fase se forma una estrella de neutrones. La presión ejercida por los neutrones impide que el núcleo siga contrayéndose. Podemos hacernos una idea de lo compacta que es la estrella de neutrones calculando el radio que tendría que tener la Tierra para que su densidad fuese de ese orden. La densidad media de la Tierra es de unos 5500 kg/m$^3$ y la densidad de la estrella de neutrones un factor $10^{14}$ mayor (un 1 seguido de 14 ceros: 100000000000000). Para alcanzar esa densidad la Tierra debería contraerse hasta tener un radio de 100 m, la longitud de un campo de fútbol (el radio de la Tierra es de unos 6370 km). Ese es un cálculo sencillo que puede realizar el lector, sabiendo que la masa es igual a la densidad multiplicada por el volumen, dando a este el valor del volumen de una esfera ($4/3\pi R^3$). El radio de las estrellas de neutrones es de unos 10 km.

FIG. 5

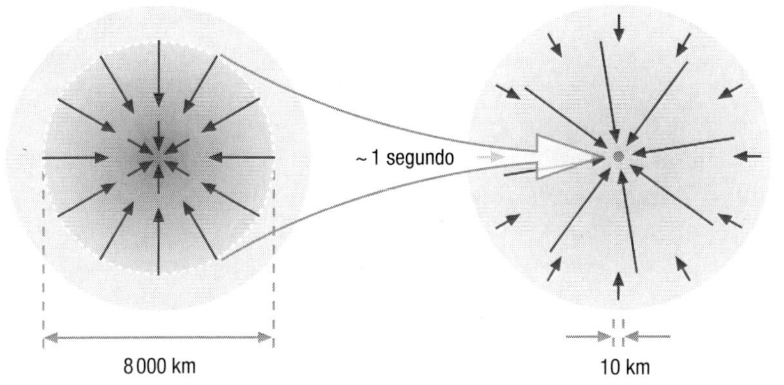


Colapso del núcleo de hierro de una estrella masiva.

La energía liberada en este colapso es altísima. Se trata de energía gravitatoria, como la que se libera en un salto de agua en una central hidroeléctrica. El núcleo ha pasado en un solo segundo de tener un diámetro de unos 8 000 km a 10 km (figura 5), liberando una de las mayores cantidades de energía que se producen en la naturaleza, $10^{46}$ J. Pensemos que la energía consumida en la Unión Europea en todo un año es de $10^{19}$ J. Es decir, el colapso de uno solo de estos núcleos nos daría energía suficiente para abastecer a sus veintiocho países durante $10^{27}$ años, desde el Big Bang hasta ahora y aún nos sobraría la mayor parte.

Para el resto de la estrella —la materia situada por encima del núcleo de hierro— ha desaparecido el «suelo»: va cayendo por efecto de la gravedad y al chocar con el denso núcleo, rebota, como rebotaría una pelota contra un suelo duro. Inicialmente se pensó que este rebote era el mecanismo que causaba la explosión —las altas velocidades de expansión observadas— de la supernova. Sin embargo, cuando se realizaron las correspondientes simulaciones numéricas —cálculos en los más potentes ordenadores—, se comprobó que ese mecanismo no funcionaba. Efectivamente se forma una onda de choque —una onda de presión— que va hacia fuera, empujando y comprimiendo el material y provocando reacciones nucleares. Pero el material que sigue cayendo se opone a ese avance y las reacciones que rompen los núcleos consumen energía; al final, al quedarse sin energía, la onda se detiene.

Es un situación curiosa en la que el colapso del núcleo de hierro proporciona energía suficiente para explicar la explosión: bastaría un 1 % de esa energía para reproducir las velocidades de expansión observadas en las supernovas de colapso gravitatorio. Sin embargo, no se ha encontrado aún la forma de transformar esa pequeña fracción de energía gravitatoria en energía cinética de la explosión. Se piensa que los neutrinos pueden jugar un papel fundamental. A las altas densidades a las que se encuentra el interior de la estrella, los neutrinos no escaparían sino que interaccionarían con la materia, transfiriendo finalmente su energía a la onda de presión. La física y los cálculos son complicados y, de momento, ninguno de los grupos que investigan la física de estas supernovas ha conseguido una explicación convincente.

Ante esta situación, se supone —se impone— la formación, por encima del núcleo colapsado, de una eficiente onda de presión. Esta onda atraviesa, en cuestión de segundos, toda la envoltura, comprimiendo sucesivamente, desde el interior hasta la superficie, todas las capas. En la zona más interna, la compresión calienta el material hasta la temperatura necesaria para el comienzo de las reacciones nucleares. Primero encuentra el silicio y se produce la combustión explosiva de este elemento; después la del oxígeno, el neón y, finalmente, la combustión explosiva del carbono. Los productos de estas combustiones explosivas son prácticamente los mismos que los producidos en las combustiones no explosivas durante la evolución estelar (figura 3). La energía nuclear liberada calienta el material y acelera las distintas capas hasta las velocidades observadas. En la zona más interna, la más próxima a la estrella de neutrones, la velocidad alcanzada no es suficiente para que la materia escape del campo gravitatorio del núcleo —no se alcanza la llamada velocidad de escape—

y, por ello, las capas más internas caen sobre la estrella de neutrones, aumentando su masa. En el caso de nuestra estrella, que al principio de su evolución tenía 25 $M_{Sol}$, la masa final de la estrella de neutrones tendría unas 2 $M_{Sol}$. Estrellas menos masivas formarían estrellas de neutrones más pequeñas, mientras que las estrellas con más masa formarían agujeros negros. Son los llamados agujeros negros estelares, muy diferentes a los agujeros negros masivos, que se pueden encontrar, por ejemplo, en los centros de las galaxias, y cuyas masas son de millones de veces la masa del Sol.

¿Cuándo se produce una estrella de neutrones y cuándo un agujero negro estelar? Una vez más, la propiedad fundamental es la masa —que es equivalente a la gravedad—. Hemos hablado anteriormente de la masa crítica de Chandrasekhar, que es la masa máxima que puede tener una enana blanca, soportada por la presión que ejercen sus electrones, para ser estable sin colapsar. Para un núcleo de hierro, como el que se forma en el centro de una estrella masiva, la masa de Chandrasekhar es aproximadamente 1,4 $M_{Sol}$. Si el núcleo de hierro tiene una masa superior, se neutroniza y contrae hasta que la presión ejercida por los neutrones compensa la gravedad. Es así como se genera una estrella de neutrones. Pero, al igual que en las enanas blancas, existe una masa máxima para las estrellas de neutrones por encima de la cual los neutrones no consiguen mantener estable el núcleo que, esta vez, colapsa sin que nada se oponga, formando un agujero negro. Negro porque ni la luz escapa, no lo podemos ver. Calcular la masa máxima que puede tener una estrella de neutrones no es sencillo, se trata de física a densidades extremadamente altas, como describíamos antes, y no podemos reproducir estas condiciones en los laboratorios. Dependiendo de las suposiciones realizadas, la masa máxima que podría tener una estrella de neutrones sería de 2 o 3 $M_{Sol}$. Por encima de esa masa, se produciría el colapso y se formaría un agujero negro.

En este libro no nos vamos a ocupar de los agujeros negros. Para tener una idea de lo denso y compacto que puede ser uno de ellos, podemos estimar en qué condiciones la Tierra sería un

**LA TIERRA COMO AGUJERO NEGRO: ATRAPANDO LA LUZ**

Podemos calcular la relación entre la masa ($M$) y el radio ($R$) de un objeto para que se comporte como un agujero negro, en el sentido de que su campo gravitatorio sea tan grande que ni la luz pueda escapar. El primer paso sería calcular lo que llamamos precisamente *velocidad de escape* de un campo gravitatorio. Supongamos que queremos enviar una nave espacial desde una base situada en la Tierra a una distancia tal que no sienta el campo gravitatorio terrestre. ¿Cuál sería la velocidad mínima con la que tendríamos que lanzarla? En este caso tenemos que emplear la ley de la gravitación universal de Newton y la expresión que nos da la energía gravitatoria ($U$) que mantiene a nuestra nave ligada a la Tierra:

$$U = -G\frac{M_T m_{nave}}{R_T},$$

donde $G$ es la constante de gravitación universal, $M_T$ la masa de la Tierra, $m_{nave}$ es la de la nave, y $R_T$ es el radio de la Tierra. La nave esta quieta en ese punto, y para que se mueva hay que suministrarle una energía tal que adquiera una velocidad $v$; la energía relacionada con la masa y la velocidad es la que llamamos energía cinética:

$$E = \frac{1}{2}m_{nave}v^2.$$

No consideraremos rozamiento, ni ninguna otra fuerza, por lo que la suma de estas dos energías, gravitatoria y cinética, se debe conservar. En el punto lejano a la Tierra la energía gravitatoria de la nave será nula ($U=0$) y la energía cinética también podría serlo, nos basta que llegue a ese punto habiendo perdido toda su velocidad. Si la energía se conserva y en el punto final es cero, $U+E$ tiene que ser cero en cualquier otro punto, incluido el inicial:

$$U+E = -G\frac{M_T m_{nave}}{R_T} + \frac{1}{2}m_{nave}v^2 = 0$$

$$\frac{1}{2}m_{nave}v^2 = G\frac{M_T m_{nave}}{R_T}$$

$$\frac{1}{2}v^2 = G\frac{M_T}{R_T}$$

$$v^2 = 2G\frac{M_T}{R_T}$$

$$v = \sqrt{2G\frac{M_T}{R_T}}.$$

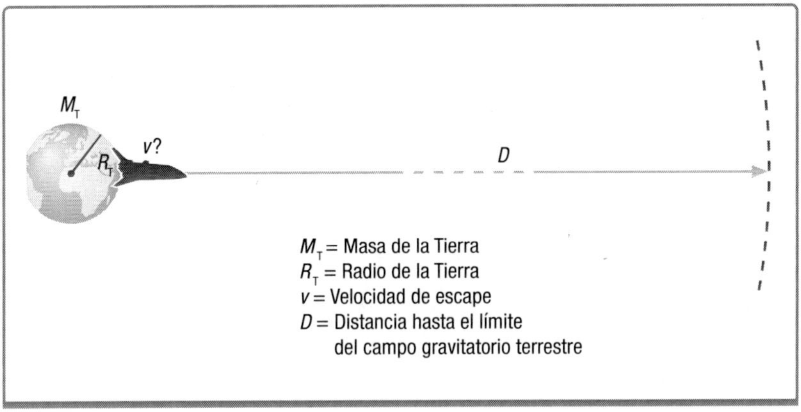


Sustituyendo en esa última ecuación los valores de $G$, $M_T$ y $R_T$ obtendríamos la velocidad de escape del campo gravitatorio terrestre, 11 200 m/s, o, en unidades más familiares, 40 320 km/h (aproximadamente la velocidad a la que tendríamos que movernos para realizar la vuelta alrededor del mundo en una hora). Para calcular la velocidad de escape de otro planeta o de una estrella o galaxia, basta sustituir por los valores correspondientes de la masa ($M$) y el radio ($R$) en cada caso (estamos suponiendo que los cuerpos son esféricos). La velocidad de escape aumenta con la masa, como cabe esperar, pero observamos también que aumenta al disminuir el radio que contiene dicha masa. Es decir, lo importante es la relación masa/radio ($M/R$).

### *Contracciones imposibles*

Un agujero negro no deja escapar la luz. Esto indica que la velocidad de escape de un agujero negro es superior a la velocidad de la luz, $c = 300\,000$ km/s. Podemos tener agujeros negros muy masivos, pero también con poca masa, todo depende de su tamaño. ¿Puede existir un agujero negro con la masa de la Tierra? Podemos despejar en la expresión anterior el radio, para la masa de la Tierra y una velocidad de escape igual a la de la luz:

$$R = 2G\frac{M_T}{c^2}.$$

Realizando el cálculo y cambiando las unidades de metros a milímetros, obtenemos 8,8 mm. Otra cuestión es que no exista ningún proceso físico que pueda llevar a la Tierra a tal contracción. En el marco de la teoría cuántica pueden formarse micro agujeros negros, llamados así porque su masa sería de microgramos (millonésimas de gramo).

agujero negro, es decir, qué condiciones deberían darse para que nuestro planeta no dejara escapar la luz de su campo gravitatorio. Sabemos que la intensidad del campo gravitatorio es mayor para un objeto más compacto. Si comprimiéramos toda la masa de la Tierra en una esfera de radio cada vez más pequeño, llegaría un momento en el que la velocidad necesaria para escapar de su campo gravitatorio sería mayor que la velocidad de la luz. Un sencillo cálculo nos indicaría que este radio es del orden de pocos milímetros. Mientras, en el otro extremo existen agujeros negros muy masivos, como los que se hallan en el centro de las galaxias y cuyo origen no es estelar, que crean campos gravitatorios intensos sin ser especialmente densos.

La explosión de supernova detectada más próxima a la Tierra, después de la supernova galáctica SN1609, ha sido la SN1987A, que ocurrió en las afueras de la nebulosa de la Tarántula, situada en la Gran Nube de Magallanes, la galaxia más cercana a la Tierra, situada a unos 160 000 años-luz. Esta supernova fue descubierta por el astrónomo canadiense Ian Shelton desde el Observatorio de Las Campanas, en Chile, el 24 de febrero de 1987. Por su proximidad se ha podido observar en detalle y de forma continua desde entonces. En la imagen de las págs. 58-59 se muestra una recreación de la SN1987A, ya como un remanente de supernova.

Esta fue la primera supernova con un progenitor identificado. Es decir, en el lugar en el que explotó la supernova se había observado anteriormente una brillante estrella azul: una gigante, 100 000 veces más brillante que el Sol y unas 20 veces más masiva. Había sido estudiada, desde el Observatorio Interamericano de Cerro Tololo situado en Chile, por el astrónomo estadounidense Nicholas Sanduleak (1933-1990), por lo que se conoce como estrella Sanduleak. Se confirmó así que realmente las estrellas masivas explotaban. Desde entonces, se han detectado varios progenitores de supernovas de colapso gravitatorio. No se pueden detectar siempre porque las estrellas progenitoras son mucho menos luminosas que la supernova y solo son visibles si están en galaxias cercanas. Cada vez que se descubre una supernova se analizan las imágenes de la zona del cielo correspondiente tomadas antes de la explosión. La mayoría de las estrellas identificadas han sido gigantes rojas, como predice la teoría; la estrella Sanduleak, sin embargo, explotó cuando era azul.

Otro gran acontecimiento relacionado con SN1987A fue la detección de los neutrinos procedentes del colapso. Unas cuatro horas antes de la llegada de los fotones a los telescopios se detectaron neutrinos en tres experimentos, once en el Laboratorio Kamiokande, en Japón, ocho en el Laboratorio IMB (Irvine-Michigan-Brookhaven detector), en Estados Unidos, y cinco en el Observatorio de Neutrinos Baksan, en Rusia. Estas detecciones confirmaron que el núcleo colapsa, como se había pensado, y que los neutrinos juegan un papel fundamental. Puede que estos 24 neutrinos parezcan pocos, pero no hablamos de los neutrinos emitidos por la supernova sino de los detectados en la Tierra. La probabilidad de detectar neutrinos es muy baja porque lo normal es que atraviesen toda la Tierra sin inmutarse. Para detener el 50% de los neutrinos emitidos por una fuente, haría falta un año-luz de plomo. Los detectores de neutrinos consisten en inmensos tanques que contienen miles de toneladas de hielo o agua; alguno de los muchos neutrinos que atraviesan el tanque interactúan con el hidrógeno, dejando una huella que podemos identificar. El observatorio de neutrinos IceCube se encuentra en la estación Amundsen-Scott del Polo Sur y consiste en un kilómetro cúbico de hielo, mientras que el telescopio submarino de neutrinos ANTARES emplea una superficie de 0,1 kilómetros cuadrados de agua en las profundidades del Mediterráneo, frente a la costa de Marsella. Estos observatorios detectan en un año un número de neutrinos de origen cósmico similar a los que se detectaron en un día procedentes de la SN1987A.

Como en todas las supernovas, la curva de luz de la SN1987A se caracteriza por una subida de su brillo hasta el máximo de luz —SN1987A fue visible a simple vista desde el hemisferio sur— y un decaimiento posterior. Las curvas de luz de las supernovas de colapso gravitatorio son muy diferentes entre sí. Pensemos que el rango de masas de las estrellas que explotan de esta forma abarca desde 11 $M_{Sol}$ a 60 o 100 $M_{Sol}$, y pueden

Esta visión artística del remanente de la SN1987A se basa en datos reales y revela en la parte central regiones frías, donde la colaboración ALMA (que consta de 66 radiotelescopios, situados en Chile, a 5 920 m de altura), detectó enormes cantidades de polvo. Esta región interior contrasta con la zona exterior circular, en la que la onda expansiva de la supernova está colisionando con la envoltura de gas expulsado de la estrella antes de su potente explosión.

evolucionar aisladas o en sistemas binarios. La fuente de energía que las hace brillar, tras una primera fase, cuya duración varía de unas supernovas a otras, es la desintegración radiactiva del $^{56}Ni$ producido en la explosión, que decae a $^{56}Co$ y finalmente a $^{56}Fe$. Las cantidades de $^{56}Ni$ requeridas son del orden de 0,01 a 0,1 $M_{Sol,}$ inferiores, como veremos, a las asociadas a las supernovas termonucleares, que analizaremos en el siguiente capítulo. De hecho, estas supernovas son menos homogéneas y menos luminosas que las de tipo Ia, por lo que no son tan buenas para aplicaciones cosmológicas.

En el caso de las supernovas de tipo IIP, las que inicialmente presentan un largo *plateau* que perdura durante varios meses, interviene también la energía que se libera al recombinarse el hidrógeno, que es el elemento más abundante en su envoltura. Es decir, inicialmente la temperatura es lo bastante alta como para que los electrones estén desligados de los núcleos de hidrógeno, pero al expandirse y enfriarse la envoltura, los electrones vuelven al núcleo, o lo que es lo mismo, se «recombinan» formando átomos de hidrógeno y liberando energía en este proceso. Cuanto mayor sea la envoltura de hidrógeno, más energía se produce y mayor será la duración del *plateau*. Si la envoltura de H es pequeña, no se produce el *plateau* y la curva de luz sería la correspondiente a una SNIIL (véase la figura 4 del capítulo 1). En el caso de que se hubiese perdido toda la envoltura de H antes de la explosión, no tendríamos *plateau*, ni se observaría hidrógeno en el espectro; se trataría de la supernova clasificada como SNIb. Por último, aquellas que explotan tras perder también la envoltura de helio serían las SNIc (véase la figura 3 del primer capítulo). Como el ritmo al que una estrella pierde masa aumenta con la luminosidad y, por ello, con la masa de la estrella, se piensa que los progenitores de las SNIb y Ic son las estrellas más masivas. Otra vía para explicar su origen es que formen parte de un sistema binario en el que se favorezca la pérdida de toda la envoltura.

Las observaciones, curvas de luz, espectros, su evolución temporal y las propiedades de los remanentes, que reflejan la interacción de la supernova con el material que encuentra a su

## JOCELYN BELL Y EL DESCUBRIMIENTO DE LOS PÚLSARES

Jocelyn Bell nació el 15 de julio de 1943 en Belfast, Irlanda. Se licenció en física en 1965 por la Universidad de Glasgow y realizó el doctorado en la Universidad de Cambridge, siendo su director de tesis el profesor Antony Hewish. Durante los dos primeros años de su tesis, Bell formó parte de un equipo de investigadores, dirigido por Hewish, cuyo objetivo era la construcción de un radiotelescopio diseñado para observar quásares (fuentes de energía electromagnética distantes cuya luminosidad equivale a la de cientos de galaxias juntas). En el año 1967 consiguieron su objetivo y el radiotelescopio comenzó a operar.

### *¿Qué son esos pulsos regulares?*

Bell era la encargada de analizar, cada cuatro días, los 120 metros de papel donde se registraban los datos. Descubrió una pequeña señal que se repetía cada 1,3 segundos, demasiado corta y regular para provenir de un quásar. Bell comprendió que esa señal era importante y así se lo hizo notar al equipo y a su supervisor. Inicialmente, la señal fue denominada LGM (*Little Green Men*, o «pequeños hombres verdes»), ante la posibilidad de que fuese emitida por una civilización extraterrestre (en la década de 1960 el color verde era una propiedad inherente a marcianos y extraterrestres). Astrónomos de todo el mundo se lanzaron a la identificación y observación de estas fuentes, descubriendo poco después que se trataba de estrellas de neutrones en rápida rotación. Por ello las llamaron *pulsars*, haciendo referencia a *pulsating radio sources* (fuentes de radio pulsantes). Los resultados de las observaciones del equipo de Cambridge fueron publicados en la revista *Nature* en 1968 con el título (en inglés) «Observación de una fuente de radio que pulsa rápidamente», siendo Hewish el primer autor y Jocelyn Bell la segunda, de los cinco firmantes. Por este trabajo, la Academia de las Ciencias Sueca otorgó el Nobel de Física en 1972 al profesor Antony Hewish, el cual, durante el discurso de entrega del premio, agradeció muy tibiamente la tarea de Bell. Esta continuó con éxito su trayectoria como astrofísica, trabajando paralelamente en pro de la plena incorporación de las mujeres a la investigación. Ha ocupado numerosos puestos de prestigio, como la presidencia de la Real Sociedad Astronómica (Británica), la de la Real Sociedad de Edimburgo o la dirección del Instituto de Física de Cambridge. Fue nombrada «dama» por la reina de Inglaterra en 2007.

Jocelyn Bell en una fotografía de 1968 en el exterior del Mullard Radio Astronomy Observatory de la Universidad de Cambridge.

alrededor procedente de la estrella masiva antes de la explosión, confirman el escenario descrito.

## ESTRELLAS DE NEUTRONES DE SEÑAL INTERMITENTE: LOS PÚLSARES

Tratando de explicar la tremenda energía de las supernovas, los astrónomos Walter Baade y Fritz Zwicky postularon en 1934 la formación de estrellas de neutrones, esas partículas sin carga que habían sido descubiertas experimentalmente en 1932. Durante varias décadas esta propuesta fue considerada una especulación teórica: como no podía comprobarse mediante observaciones, no fue tomada en serio por la comunidad científica. Pero todo cambió en 1968.

Un año antes, en 1967, un equipo de la Universidad de Cambridge de Reino Unido estaba terminando la puesta a punto de varias antenas de radio para observar y analizar la emisión en esta banda del espectro electromagnético de fuentes celestes. En noviembre de ese año, la astrofísica norirlandesa Jocelyn Bell, que realizaba su tesis en este tema, identificó una señal de radio que procedía de un punto concreto del cielo y se repetía, o pulsaba, cada 1,3 segundos. En un principio se planteó incluso que pudiese tratarse de una señal proveniente de una civilización avanzada que trataba de ponerse en contacto con otras. Esta interpretación se descartó cuando se observó la misma señal procediendo de otros puntos del espacio —demasiados extraterrestres ruidosos—, siempre con periodos cortos de pulsación, entre 0,2 y 1,5 segundos. En 1968 se sucedieron intensos debates sobre el posible origen de estas señales y, a finales de año, se confirmó la tesis propuesta por Baade y Zwicky treinta y cuatro años antes. Se descubrió el púlsar de la nebulosa del Cangrejo, el remanente de la supernova de 1054 (véase la imagen superior de la pág. 19), confirmando la relación entre las supernovas y las estrellas de neutrones. El periodo de este púlsar es muy corto, de 0,03 segundos. Una estrella de neutrones rotando rápidamente y emitiendo radiación colimada (cuyos rayos de luz son paralelos entre sí, por lo que se dispersan muy poco al propagarse), como un faro, podía

## LAS SEÑALES MÁS ENERGÉTICAS DESPUÉS DEL BIG BANG: LOS GRB

A finales de la década de 1960, tras detectarse los púlsares, hubo otro importante descubrimiento que se mantuvo inicialmente en secreto. En 1963 se había firmado el tratado de no proliferación de armas nucleares entre Estados Unidos, el Reino Unido y la Unión Soviética. En plena Guerra Fría, Estados Unidos lanzó dos satélites para controlar que, efectivamente, los soviéticos no continuaran con los experimentos nucleares. Los satélites estaban equipados para detectar radiación gamma, procedente del material radiactivo de las posibles bombas atómicas. Cuando la radiación se detectó, generó una gran alarma inicial, pero poco después pudo comprobarse que no procedía de la Tierra, ni del Sol, sino que su origen se situaba fuera de la galaxia. Descartado su origen bélico, su descubrimiento se anunció oficialmente en 1973. Se trataba de estallidos de rayos gamma (más conocidos por sus siglas en inglés, GRB, *Gamma Ray Burst*), muy energéticos y cortos, con una duración de segundos.

### *Unos rayos poderosos y desconocidos*

Los GRB emiten más energía en forma de radiación electromagnética que una supernova, y la liberan en un intervalo de tiempo muy corto, por lo que la energía por segundo emitida —su potencia— es la mayor que conocemos. Por esta razón pueden detectarse a distancias enormes; se ha descubierto un GRB situado a unos 13 000 millones de años-luz. Su luz ha estado viajando hasta llegar a nosotros «casi» desde que se originó el universo. Los GRB con tiempos de duración superiores a dos segundos se asocian a las supernovas de colapso gravitatorio. Pero no todas las supernovas de este tipo van acompañadas de un GRB, probablemente se producen solo en aquellas en las que el núcleo colapsa en forma de agujero negro, emitiendo radiación muy colimada, como en los púlsares, y a velocidades próximas a las de la luz. En la imagen se muestra como sería esta emisión. El origen de los GRB sigue siendo un problema fascinante sin resolver.

Modelo de un GRB (estallido de rayos gamma) producido al colapsar el núcleo de una estrella masiva, formando un agujero negro.

FIG. 6

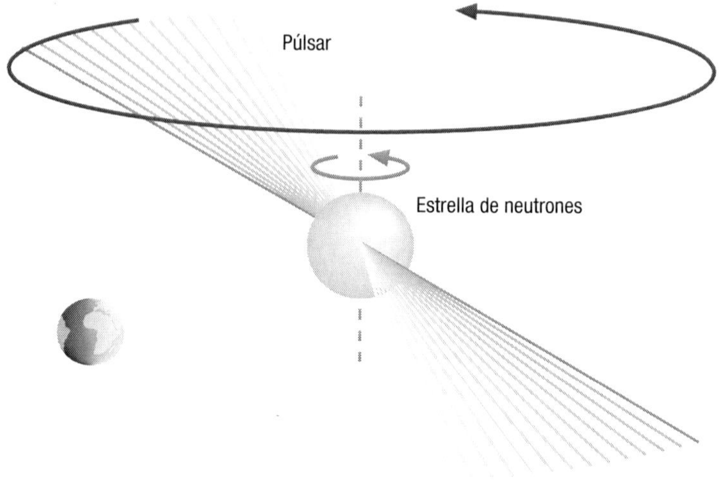


Al igual que la energía y otras propiedades físicas se conservan en determinadas condiciones, el momento angular, que relaciona la velocidad de rotación de un cuerpo con la distribución de su masa alrededor del eje de giro, también se conserva.

explicar las observaciones. La rápida velocidad de rotación se explica por el principio de conservación del momento angular (figura 6). Para visualizarlo pensemos en un patinador que comienza a dar vueltas con los brazos extendidos y, cuando los recoge, aumenta su velocidad de giro. Una leve rotación inicial del núcleo de hierro produce, al colapsar —concentrando su masa en una esfera de 10 km de radio— una velocidad muy rápida de giro, de acuerdo con los cortos periodos de rotación observados. Para producir ese haz colimado de radiación necesitamos además un intenso campo magnético.

Un púlsar muy buscado y no detectado hasta el momento es el de la cercana SN1987A. Su ausencia puede tener dos explicaciones: que se formó un agujero negro en vez de una estrella de neutrones —y del agujero negro no escapa nada— o bien que la estrella de neutrones es «silenciosa», es decir, que no ha producido un haz de radiación que pueda detectarse.

# Supernovas termonucleares

Las estrellas con masas iniciales comprendidas entre 0,8 y 8 veces la masa del Sol ($M_{Sol}$) terminan sus ciclos de combustión tras la fusión del helio, que produce carbono y oxígeno. A diferencia de lo que ocurre en las estrellas masivas, las de baja masa no alcanzan la temperatura necesaria para comenzar la fusión del carbono en su interior. En las últimas fases de su evolución eyectan toda su envoltura, que se encuentra por encima del núcleo compacto de C y O, formando espectaculares nebulosas planetarias, como la denominada Ojo de Gato (véase la imagen superior de la pág. 71).

Las capas de estas nebulosas se expanden a decenas de kilómetros por segundo, mientras que la radiación emitida por el núcleo, todavía caliente, las ilumina. El núcleo se irá enfriando, convirtiéndose finalmente en una enana blanca. Estas enanas blancas continúan enfriándose lentamente, a lo largo de miles de millones de años. Si se encuentran aisladas, su vida transcurre así, tranquilamente, pero si forman parte de un sistema binario, todo puede cambiar, y algunas explotarán como supernovas termonucleares o Ia.

## ENANAS BLANCAS: REMANENTES DE ESTRELLAS DE BAJA MASA

Ya hemos descrito los dos primeros ciclos de combustión que experimentan todas las estrellas, primero la fusión del hidrógeno, luego la fusión del helio. Estos son los únicos ciclos, en combustión central o en capa, que se producen en las estrellas de masa baja. También sabemos que, cuanto más masiva es una estrella, más altas son las temperaturas en su interior, lo que implica que la evolución de las estrellas masivas es más rápida. Una estrella de baja masa como el Sol tarda unos 10 000 millones de años en consumir el hidrógeno de su núcleo, mientras que una estrella 25 $M_{Sol}$ tarda tan solo seis millones de años. Incluso entre las estrellas de baja masa hay diferencias notables: una estrella con 6 $M_{Sol}$ completa la combustión central de hidrógeno en unos 55 millones de años. La fase de combustión de este elemento es la más larga en la vida de una estrella, por lo que es un buen indicador del tiempo total de su evolución.

Pero existen otras diferencias entre las estrellas masivas y las de baja masa durante estas primeras fases de combustión. En las primeras, la fusión central de helio sigue inmediatamente a la de hidrógeno, mientras que en las estrellas de baja masa no es así. Cuando el Sol agote el hidrógeno en su centro se contraerá pero, en un primer momento, no alcanzará la temperatura necesaria para la fusión del helio. Se produce primero la ignición del hidrógeno en la capa situada sobre el núcleo de helio. La combustión de este H tiene como consecuencia aumentar la masa del núcleo de He que, sin fuente de energía nuclear en su interior, se va contrayendo, aumentando su densidad. A tan altas densidades los electrones han degenerado. Debido al principio de exclusión de Pauli, solo dos electrones pueden ocupar un mismo estado cuántico de energía en un mismo volumen. Los electrones se van situando en los estados energéticos más bajos y, cuando estos están llenos, ocupan los más altos. Como resultado, ejercen una presión que impide su compresión en volúmenes más pequeños. Esta es la presión debida a los electrones degenerados. Solo cuando el núcleo de helio alcanza una masa crítica, aproximadamente la mitad de la masa del Sol (0,55 $M_{Sol}$), se producen las condiciones físicas —temperatura y densidad— necesarias para la ignición del helio y comienza su combustión, liberándose una gran cantidad de energía. De hecho se trata de una ignición explosiva, conocida como el «flash» del helio. No obstante, este «flash» no se aprecia desde el exterior; se produce en el interior y no llega a modificar el brillo de la estrella.

La situación descrita para el Sol se produce en las estrellas menos masivas, aquellas con masas inferiores al doble de la solar, 2 $M_{Sol}$, y esa masa crítica del núcleo de helio necesaria para su ignición supone un límite inferior a la masa mínima de las enanas blancas de carbono y oxígeno que se forman a través de la evolución estelar estándar. Dado que las estrellas de baja masa son las más comunes, la masa típica de las enanas blancas de C y O es del orden de 0,6 $M_{Sol}$, valor que está de acuerdo con el estimado mediante estudios observacionales. Por su parte, las estrellas con masas comprendidas entre 2 y 8 $M_{Sol}$ alcanzan temperaturas más altas en sus centros, y la ignición del He se produce sin llegar a las condiciones anteriores que provocan el denominado «flash».

Una vez el helio se agota en el centro, se produce una nueva contracción y aumento de la temperatura central. El siguiente combustible, resultado de las reacciones nucleares de fusión de He, es el carbono. El carbono debería fusionarse con otro carbono; los dos núcleos tienen seis protones de carga positiva que se repelen y se necesita una temperatura de unos 600 millones de grados, que una estrella con la masa del Sol —y hasta con 8 $M_{Sol}$— no puede alcanzar. La historia de las reacciones nucleares en el núcleo se habrá terminado. Sobre este núcleo se seguirá produciendo combustión de helio en capa y, sobre esta, podrá producirse combustión de hidrógeno siempre que las temperaturas sean las adecuadas. En esta última fase, la estrella se encuentra en la llamada rama asintótica de las gigantes, conocida por sus siglas en inglés, AGB, *Asymptotic Giant Branch.* Lo de «gigantes» es porque la envoltura es extensa y la luminosidad es alta, dos condiciones que favorecen que la estrella pierda masa a un ritmo cada vez más elevado. Cuanto más masa pierde la estrella, menor es la gravedad, favoreciendo aún más este proceso. Cuando el Sol se convierta en una AGB, su radio abarcará la órbita del planeta Tierra; mucho antes se habrán evaporado los océanos y la posibilidad de la existencia de agua líquida. Pero no hay que preocuparse, al menos de forma inminente: faltan más de 5 000 millones de años para que esto ocurra.

Esta fase AGB produce, en su etapa terminal, la expulsión de la envoltura, formando una hermosa nebulosa planetaria. Cuando esto suceda en el Sol, la mitad de su masa quedará en el núcleo de carbono y oxígeno situado en el centro de la nebulosa planetaria, mientras que la otra mitad de su masa será expulsada al espacio. Esta proporción entre lo que es devuelto al medio interestelar y lo que queda «atrapado» en la enana blanca depende de la masa inicial de la estrella; una estrella con 7 $M_{Sol}$ —y con su misma composición química inicial— formaría una enana blanca de carbono y oxígeno con una masa próxima a la masa actual del Sol, 1 $M_{Sol}$, expulsando al espacio el resto de su masa, unas 6 $M_{Sol}$.

Cuanto más masiva es la estrella, más masiva es también la enana blanca que forma. Pero ¿por qué no se pueden producir enanas blancas con una masa superior a 1 $M_{Sol}$ en las estrellas más masivas?

Como ya hemos visto, las estrellas masivas alcanzan la temperatura necesaria para fusionar el carbono en sus centros y, de hecho, las que tienen una masa superior a unas 11 $M_{Sol}$ —y composición química inicial similar al Sol— realizan todas las fases siguientes de combustión, hasta producir hierro. En cambio, las estrellas con masas comprendidas entre 8 y 11 $M_{Sol}$ siguen una evolución diferente. Estas estrellas tienen, al finalizar la combustión central de helio, núcleos de carbono y oxígeno con una masa algo superior a 1,1 $M_{Sol}$. Con esa masa, la temperatura que se alcanza en sus centros es suficiente para que se produzca la ignición del carbono, formándose un núcleo de oxígeno y neón, pero no es suficiente para la posterior ignición del neón o el oxígeno. Por ello, este núcleo puede convertirse en una enana blanca de O y Ne, siendo las enanas con esta composición química las más masivas (entre 1,1 y 1,3 $M_{Sol}$).

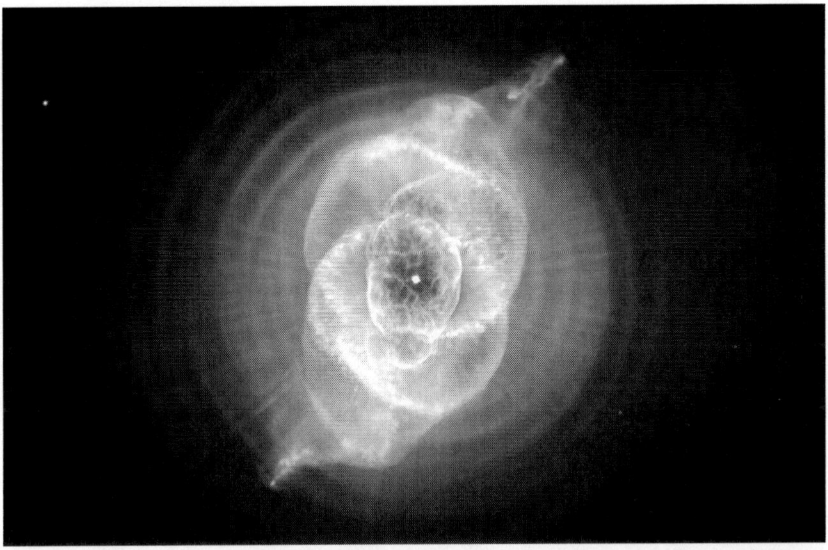

La nebulosa planetaria NGC 6543 (arriba), conocida como Ojo de Gato, nos muestra once anillos, que son las capas expulsadas; en su centro aparece la enana blanca. En la imagen inferior, tomada por el telescopio espacial Hubble sobre un cúmulo globular de la Vía Láctea, las enanas blancas aparecen señaladas con flechas. Los cúmulos globulares son agrupaciones de cientos de miles de estrellas viejas ligadas gravitacionalmente.

El número de enanas blancas (en la foto inferior de la página anterior varias de ellas captadas por el telescopio Hubble en la Vía Láctea) y la distribución en masa de estas —es decir, cuántas observamos, en una muestra bien definida, con una masa determinada— confirman el escenario evolutivo descrito. Hay un problema en cuanto al número de nebulosas planetarias, pues se observan menos de las que la teoría predice. Esta discrepancia puede ser debida a una cuestión observacional, quizá algunas son menos brillantes de lo que esperamos y no las detectamos. La mayoría de las enanas blancas de C y O (figura 1) tienen una masa de unas 0,6 $M_{Sol}$. Las pocas detectadas con masas superiores a 1 $M_{Sol}$, que la teoría no predice, podrían ser enanas de oxígeno y neón, o bien el resultado de la fusión de dos de las enanas blancas más comunes; dos enanas blancas de 0,6 $M_{Sol}$ darían lugar a una con 1,2 $M_{Sol}$. En la figura 2 se muestran algunas características seleccionadas de la evolución estelar en función de la masa inicial: tiempos totales de evolución, objeto que se originaría al final de la evolución y tipo de supernova asociada.

## ENANA BLANCAS, SISTEMAS BINARIOS Y FUTURAS SUPERNOVAS DE TIPO IA

Las estrellas de baja masa terminan su evolución como enanas blancas, objetos estables que se van enfriando, y disminuyendo su brillo, a lo largo de miles de millones de años. De hecho, la edad de las enanas blancas se emplea para estimar la edad mínima de las poblaciones estelares asociadas a ellas. Se han estimado edades de hasta 13 000 millones de años para las enanas blancas más antiguas, lo que supone un importante límite inferior a la edad del universo, cuya edad se estima en torno a los 14 000 millones de años.

Para desestabilizar una enana blanca y provocar su explosión tiene que intervenir una compañera, otra enana blanca o una estrella en una fase previa de evolución. Es decir, necesitamos un sistema binario, con ambas componentes lo bastante próximas para que haya transferencia de materia, desde la es-

FIG. 1

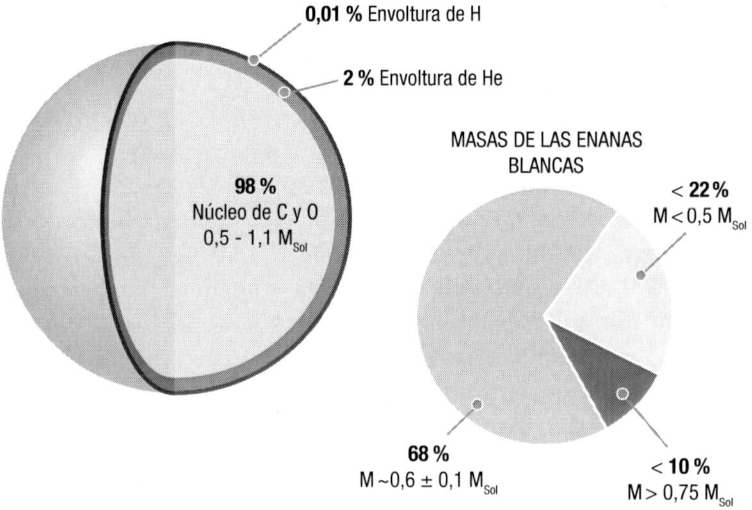


El esquema de la izquierda muestra la estructura típica de una enana blanca de carbono y oxígeno. A la derecha, distribución en masa de las enanas blancas.

FIG. 2

| MASAS ESTELARES INICIALES | TIEMPOS DE EVOLUCIÓN | RESULTADO | |
|---|---|---|---|
| 0,1 < masa < 0,8 $M_{Sol}$ | > 15 000 Ma | Quemando H en el centro | |
| 0,8 < masa < 8 $M_{Sol}$ | 30 – 15 000 Ma | Enanas blancas de C y O 0,5 – 1,1 $M_{Sol}$ → | SUPERNOVAS TERMONUCLEARES |
| 8 < masa < 11 $M_{Sol}$ | 10 – 30 Ma | Enanas blancas de O y Ne 1,1 – 1,3 $M_{Sol}$ → ↑ ↓ | |
| 11 < masa < 100 $M_{Sol}$ | 3 – 10 Ma | Estrellas de neutrones y agujeros negros → | SUPERNOVAS DE COLAPSO GRAVITATORIO |

Algunas características de la evolución estelar dependiendo de la masa inicial.

trella a la enana blanca o de una enana blanca a la otra. Como el Sol no tiene compañera, no explotará al final de su evolución dando lugar a una supernova, sino que se enfriará y se apagará en forma de enana blanca.

Cuando la enana blanca, que acreta materia en un sistema binario, alcanza una masa próxima a la masa crítica de Chandrasekhar, la temperatura en su centro aumenta hasta los valores necesarios para la ignición del carbono y, en consecuencia, se produce su explosión termonuclear. Así surge una supernova de tipo Ia o termonuclear.

Cualitativamente hablando, los dos escenarios propuestos funcionan (figura 3) y, de hecho, lo más probable es que ambos se den en la naturaleza, produciendo supernovas termonucleares. Sin embargo, los resultados cuantitativos basados en simulaciones numéricas no son convincentes. En general, las enanas blancas no consiguen aumentar su masa de forma eficiente acretando materia.

Según hemos descrito, la evolución estelar produce enanas blancas de carbono y oxígeno con masas, en su mayoría, de 0,6 $M_{Sol}$ y, como máximo, de 1 $M_{Sol}$. Por lo tanto, para aproximarse a la

FIG. 3

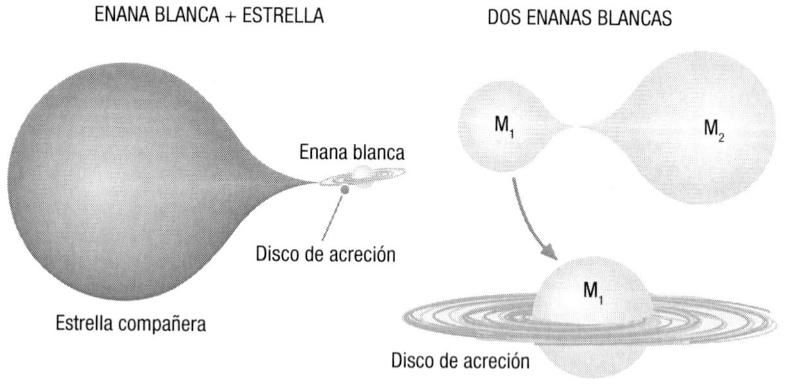


La enana blanca aumenta su masa a costa de la masa de una estrella compañera, probablemente una gigante roja (izquierda) o bien se fusiona con otra enana blanca (derecha).

**LA OBSERVACIÓN DE LA PRIMERA ENANA BLANCA: SIRIO B**

Sirio es la estrella más brillante que vemos en el cielo nocturno, desde ambos hemisferios. En 1844, tras diez años de observaciones, el matemático y astrónomo alemán Friedrich Wilhelm Bessel concluyó que Sirio no era una sola estrella, sino un sistema binario. Con los telescopios de entonces, Bessel no podía resolver —ver separadamente— ambas estrellas, pero dedujo su periodo de rotación orbital, de unos cincuenta años. En 1862, el estadounidense Alvan Graham Clark, astrónomo y constructor de telescopios, empleó uno mayor que el de Bessel e identificó a la pequeña compañera de Sirio, que era 1 000 veces menos brillante. Basándose en los movimientos de ambas estrellas (Sirio A, la más brillante, y Sirio B; véanse en la imagen tomada por el telescopio espacial Hubble) se estimó una masa de 2,3 veces la masa del Sol para Sirio A y una masa solar para Sirio B. Con estos datos y, dada la poca luminosidad de Sirio B, se pensó que era una estrella fría.

***Una densidad extraordinaria***

La sorpresa llegó unos cincuenta años después, con el desarrollo de la espectroscopia: en 1915, el astrónomo estadounidense Walter Adams, especialista en espectros estelares, descubrió que Sirio B era mucho más caliente que Sirio A: 27 000 °C frente a 9900 °C. ¿Cómo podía ser 1 000 veces menos luminosa siendo unas 2,7 veces más caliente en su superficie? La Ley de Stefan-Boltzmann relaciona la luminosidad, la temperatura superficial y el radio de una estrella. Para una misma temperatura, una estrella con una superficie (o radio) mayor, emite más energía. Esto implica que Sirio B tiene un radio muy pequeño, comparado con el del Sol, que no llega al 1 %: 5500 km. Es decir, que tiene la masa del Sol concentrada en un volumen menor que el de la Tierra, cuyo radio es de unos 6370 km. ¿Qué objeto es este? No se conocía nada similar. Su densidad tenía que ser más de tres millones de veces superior a la del agua, y la gravedad en su superficie, medio millón de veces mayor que la de la Tierra. ¡Por primera vez se había observado una enana blanca!

Sirio, la estrella más brillante del cielo nocturno terrestre, y su pequeña y compacta compañera, cuyas propiedades tanto sorprendieron en 1915: la masa del Sol dentro de una esfera menor que la de la Tierra.

masa de Chandrasekhar, que es de alrededor de 1,4 $M_{Sol}$, la enana blanca tiene que aumentar su masa inicial entre un 40%, las más masivas, y hasta un 130 % las menos masivas. Esto último no parece viable, por lo que podríamos decir que la mayoría de las enanas blancas de carbono y oxígeno que se forman no llegarán a la masa crítica de Chandrasekhar. Como veremos, este es otro de los problemas, faltan sistemas binarios que sean potenciales progenitores de supernovas Ia.

Analicemos ahora el problema del aumento de masa en un sistema binario. Si la compañera de la enana blanca es una estrella como el Sol o incluso algo más masiva que este, que se encuentra quemando hidrógeno en su centro o en capa —en la fase de gigante—, resulta prácticamente imposible encontrar un ritmo de caída de material sobre la enana blanca que la lleve a aumentar su masa. Los ritmos de caída suelen medirse en masas solares por año. Cuando la materia cae muy deprisa —ritmos altos— sobre la enana blanca, el material se acumula rápidamente y se calienta localmente, produciéndose la ignición del hidrógeno o del helio recién caído. La energía nuclear liberada en esta combustión, que ocurre muy próxima a la superficie, empuja la materia, favoreciendo la pérdida de masa. Si, por el contrario, la materia cae lentamente —ritmos bajos— , la acumulación es lenta, el material se acumula sin calentarse y, finalmente, tienen lugar pequeñas explosiones en la superficie; se produciría una nova, que también expulsa material.

Además, las estrellas suelen tener hidrógeno en sus envolturas y, salvo muy pocas excepciones, no se ha detectado hidrógeno en las supernovas Ia. Recordemos que es precisamente la ausencia de hidrógeno en su espectro lo que las define como supernovas de tipo I. Las que muestran H son las de tipo II.

El otro escenario posible, el de la fusión de dos enanas blancas, parece más viable: en este escenario no hay hidrógeno, lo que explica de forma natural que no se observe y, como se transfiere directamente carbono y oxígeno desde la compañera a la enana blanca, no se producen reacciones nucleares en el material recién caído a la superficie de la enana blanca. No obstante, los ritmos a los que debe transferirse la materia necesitan ser

**ROMPIENDO UNA DE LAS SUPOSICIONES BÁSICAS: EXPLOSIONES CHANDRASEKHAR**

Los problemas planteados a la hora de identificar progenitores viables para las supernovas han llevado a recuperar un escenario que fue inicialmente propuesto para explicar supernovas la subluminosas (véase la figura). Se trata de la explosión de una enana blanca de carbono y oxígeno con una masa inferior a la canónica de Chandrasekhar. Esta enana tiene que formar parte de un sistema binario que le permita acretar helio de una compañera. El helio es muy buen detonante y, cuando se acumula en una cierta cantidad, se produce una primera detonación en su capa externa. Esta detonación induce a su vez la detonación del carbono en el centro de la enana blanca que explota. Se podría minimizar así el problema de los progenitores: el número de enanas blancas, y por tanto de progenitores potenciales, aumenta. Enanas blancas de C y O con masas comprendidas entre 0,7 y 1,0 $M_{Sol}$ resultan de la evolución estelar estándar y son abundantes. También la explosión sería más simple y directa, sin necesidad de la «detonación retardada», que involucra una deflagración al inicio y la aceleración posterior del frente de combustión. Es suficiente con una detonación —frente de combustión supersónico— porque las enanas blancas menos masivas son menos densas, produciéndose de forma natural la combustión incompleta que da lugar a elementos como el silicio, el calcio o el magnesio.

***Incógnitas por resolver***

No obstante, este escenario no cumple con todos los requisitos necesarios para explicar las observaciones de las supernovas Ia. Uno de los problemas es que, al detonar el helio, se producen elementos del grupo del hierro en la superficie que no se observan en los espectros tomados alrededor, o antes, del máximo de luz (véase la figura). Otro problema es la ausencia de algunos elementos del grupo del hierro ricos en neutrones en la zona central. Para producirlos se necesitan densidades altas que no se alcanzan en estas enanas con masas inferiores a la crítica de Chandrasekhar.

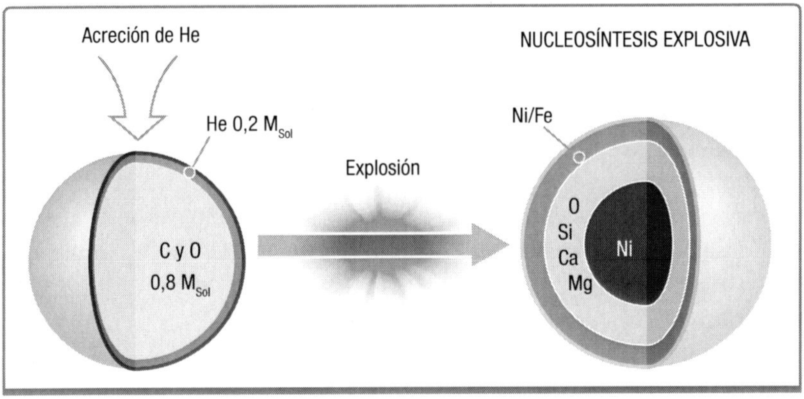

los adecuados. Si los ritmos son altos, la materia se calienta en la superficie sin que el calor tenga tiempo de difundirse hacia el interior. En este caso, la ignición del carbono se produce en las capas externas, menos densas, y la enana no explota, se forma una enana blanca de oxígeno y neón, producto de la combustión del carbono. Si el ritmo de acreción es menor, del orden de una millonésima de masa solar por año, el calor tiene tiempo de difundirse hacia dentro, calentando el centro, lo que finalmente produce la ignición del carbono que provoca la explosión termonuclear, una supernova de tipo Ia. En estas simulaciones numéricas en las que dos enanas blancas interaccionan, es importante tener en cuenta que las enanas rotan, girando una alrededor de la otra y sobre sí mismas. Si no se considera la rotación, no se producen en los modelos teóricos los ritmos de acreción de materia que conducen a la explosión termonuclear.

¿Qué nos indican las observaciones sobre los progenitores y sobre estas fases de acreción? Hasta el momento, las observaciones no nos han permitido identificar satisfactoriamente los progenitores de las supernovas termonucleares. Las enanas blancas y las estrellas poco masivas son mucho menos luminosas que las estrellas masivas por lo que, al contrario de lo que ocurre con las supernovas de colapso gravitatorio, no se ha conseguido identificar ninguna enana blanca o estrella compañera en las imágenes tomadas antes —o después— de la aparición de una supernova Ia. Tampoco se han detectado las posibles compañeras en los remanentes de supernova, lo que indicaría como escenario más probable la fusión de dos enanas blancas. En 2011 y en 2014 ocurrieron dos supernovas Ia —las supernovas 2011fe y 2014J— en galaxias vecinas. Su proximidad, junto con la gran cantidad de imágenes y datos procedentes de diversos telescopios que rastrean el cielo continuamente, despertó la expectativa de detectar finalmente el sistema progenitor, en especial de la SN2011fe, ya que 2014J tuvo lugar en una galaxia con mucho polvo, que absorbe la luz. La SN2011fe (véase la imagen de la página contigua) fue descubierta el 24 de agosto de 2011, probablemente tan solo algunas horas después de su explosión. En las imágenes de archivo se buscó algún

La SN2011fe en la vecina galaxia espiral M101, conocida como Galaxia del Molinete, situada a 21 millones de años-luz de la Tierra.

objeto situado en las coordenadas de esta supernova pero no se encontró nada. La no detección sirvió, no obstante, para descartar compañeras brillantes, poniendo así un límite superior a la masa de la posible estrella compañera de la enana blanca en un supuesto sistema binario.

La detección directa, como hemos visto, es difícil, pero hay algunos fenómenos y objetos que pueden darnos buenas pistas sobre los progenitores, en particular durante la fase de acreción. Para que una enana de 0,8 $M_{Sol}$ alcance la masa crítica de Chandrasekhar necesita acretar 0,6 $M_{Sol}$ (0,8 $M_{Sol}$ + 0,6 $M_{Sol}$ = 1,4 $M_{Sol}$), a un ritmo adecuado, que sería del orden de una millonésima de masa solar por año y, con alguna interrupción, esta fase duraría alrededor de un millón de años. Este proceso de acreción debería detectarse en rayos X, ya que la masa cedida cae en el intenso campo gravitatorio de la enana blanca, lo que implica radiación a alta temperatura, es decir, muy energética. De hecho, algunos sistemas binarios que emiten en rayos X han sido propuestos como posibles progenitores de supernovas Ia. Por otra parte, algunas novas tienen masas estimadas muy próximas a la masa de Chandrasekhar y las observaciones indican que siguen acretando materia de su compañera, por lo que cabe esperar que terminen explotando, quizá alternando épocas de pérdida de masa con otras de ganancia. Otra evidencia observacional de la fase previa a la explosión, en el caso del sistema progenitor formado por dos enanas blancas, serían las ondas gravitacionales, que fueron detectadas por primera vez en 2015 provenientes de la fusión de dos agujeros negros y a las que nos hemos referido en la introducción. La emisión de dichas ondas ha sido predicha y caracterizada para este escenario de fusión de dos enanas blancas. En este caso la señal no sería tan intensa como en el caso de los agujeros negros, estando por debajo de la sensibilidad de los detectores actuales. Esperamos detectarlas en un futuro gracias a las nuevas generaciones de instrumentos, las cuales ya están en desarrollo.

En resumen, y a pesar del esfuerzo teórico y observacional realizado, no tenemos aún evidencias firmes que identifiquen los progenitores de las supernovas de tipo Ia o termonucleares.

Además, siguen habiendo piezas fundamentales que no encajan: el número de progenitores que se tendría que producir para explicar el número de supernovas de tipo Ia observado, no cuadra. Incluso considerando los dos escenarios propuestos, dos enanas blancas o una enana blanca y una estrella normal, faltan progenitores. Por otra parte, la cantidad de buenas observaciones de calidad no para de aumentar. Actualmente es posible realizar estadística del número de supernovas Ia asociadas a poblaciones estelares y galaxias con diferentes edades. Esto permite estimar la tasa de natalidad de las supernovas a lo largo de la historia del universo. Tampoco en este caso los modelos teóricos, que contemplan diferentes progenitores, consiguen reproducir adecuadamente las observaciones.

## UN SÚPER LUMINOSO FINAL: LA GRAN EXPLOSIÓN

Volvamos a la enana blanca en la que se produce la ignición del carbono en el centro. En una estrella masiva, como hemos visto, la ignición y combustión del carbono en su centro no implica una explosión. Entonces, ¿por qué una enana blanca de carbono y oxígeno explota al quemar el C, y en cambio el núcleo de C y O de una estrella masiva no explota? En un gas en condiciones normales, que sería el caso de las estrellas masivas, un aumento de la temperatura implica un aumento de la presión, la cual empuja el material, expandiéndolo y, por tanto, enfriándolo. Esta dependencia entre presión y temperatura es un mecanismo autorregulador que no funciona en las enanas blancas. En la enana blanca son los electrones degenerados los responsables de la presión, y esta presión no depende de la temperatura —es una situación similar a la que vimos en el caso del «flash» del helio—. Los electrones se hallan ocupando sus sitios ordenadamente y el material no puede comprimirse más porque los electrones no pueden estar más juntos de lo que ya están. Cuando se produce la ignición del carbono y comienza a producirse energía a través de la conversión de dos núcleos de este elemento en uno de sodio (Na) o en uno de magnesio (Mg), la temperatura aumenta pero no la presión, por lo que no hay expansión ni enfriamiento. A mayor temperatura, las reacciones nucleares producen más energía, y esta, a su vez, aumenta aún más la temperatura, lo que implica un incremento de la energía nuclear. El sistema se retroalimenta... ¡es una bomba termonuclear!

Una vez producida la ignición explosiva del carbono, ¿qué ocurre después? La enana blanca es un objeto denso y la onda de presión producida por la explosión en el centro tarda alrededor de un segundo en atravesarla por completo. Si la enana blanca se quemase a la velocidad de esa onda de presión, todas las reacciones nucleares ocurrirían a altas densidades y el resultado final de la combustión del carbono serían los elementos del grupo del hierro. La razón es que, a esas densidades, se suceden rápidamente todos los ciclos de combustión hasta producir níquel (Ni) y hierro (Fe) (debido a los ciclos de combustión del carbono, del oxígeno y del silicio, ya descritos para las estrellas masivas). Pero esto no puede ocurrir así. Recordemos que las supernovas Ia se caracterizan por la presencia de silicio en el espectro alrededor de la época de su máximo de luz, y no solo silicio, también se observa calcio, sodio, magnesio e incluso carbono sin quemar. Para evitar que, en las zonas externas, estos elementos se conviertan en hierro, la densidad tiene que haber disminuido allí antes de que llegue la combustión. Es decir, el frente de combustión tiene que estar desacoplado de la onda de presión producida y la velocidad a la que se propaga la llama tiene que ser inferior a la velocidad de la onda de presión o la velocidad del sonido.

Hablamos de «detonación» cuando la velocidad del frente de combustión —o de la llama— es igual o superior a la velocidad del sonido. Por el contrario, cuando esta es inferior, el término usado es «deflagración». La velocidad del sonido —o de la onda de presión— se calcula igual que la velocidad del sonido en el aire. Todos estamos familiarizados con ella, por ejemplo cuando estimamos lo lejos que está una tormenta basándonos en la diferencia, en tiempo, entre ver el relámpago —velocidad de la luz— y oír el trueno —velocidad del sonido—. La velocidad del sonido aumenta con la densidad, por tanto es mayor en el agua que en

## ROTACIÓN Y EXPLOSIONES SUPER-CHANDRASEKHAR

La SN2003fg es un factor 2,2 más brillante que las supernovas normales. Para explicar su extraordinaria luminosidad se necesitan alrededor de 1,3 $M_{Sol}$ de $^{56}Ni$ radiactivo. Por otra parte, su espectro fue bastante normal, lo que implica que, sobre el níquel y los elementos del grupo del hierro tiene que haber una capa compuesta por los elementos característicos, menos pesados, como oxígeno, silicio, magnesio y calcio. Su curva de luz y el espectro solo pueden explicarse suponiendo que la enana blanca que explotó tenía una masa de unas 2 $M_{Sol}$, es decir, por encima de la masa crítica de Chandrasekhar. No hace falta añadir nada más: una enana blanca de esa masa no podría existir, habría colapsado. Pero la situación cambia si está rotando, porque en este caso la masa crítica de Chandrasekhar no es 1,4 $M_{Sol}$ sino mayor. ¿Cuál sería la masa máxima de una enana blanca rotante? Pues depende de cuánto y cómo rota. Si toda la enana rota a la misma velocidad, como si fuese un cuerpo sólido, la masa máxima sería 1,5 $M_{Sol}$; a velocidades mayores, la materia de las capas externas se perdería, como en una rápida centrifugadora. Pero si la velocidad de rotación varía con la profundidad —lo que se llama «rotación diferencial», frente a la anterior, que se denomina «rotación rígida»— puede construirse teóricamente una enana blanca estable de hasta 4 $M_{Sol}$. Teniendo en cuenta los posibles escenarios evolutivos, una masa máxima realista para una enana blanca con rotación diferencial sería de unas 2 $M_{Sol}$. Desde la detección de la SN2003fg se han observado varias supernovas Ia con características parecidas, que requieren la explosión de una enana blanca «masiva»; la población de supernovas Ia super-luminosas, «super-Chandrasekhar» sigue aumentando, como es el caso de SN2009dc, señalada en la imagen inferior.

### *Peonzas en el cielo*

Pero... ¿rotan o no rotan las enanas blancas? Si observamos enanas blancas aisladas, la velocidad de rotación, en promedio, es como la de la Tierra: una vuelta al día. Esta velocidad no implica cambios apreciables en la masa total. La situación cambia en un sistema binario y, recordemos, todos los escenarios propuestos para explicar los progenitores de las supernovas Ia incluyen una enana blanca en un sistema binario. En este caso, los cálculos indican que la enana blanca podría completar un giro sobre sí misma en unos segundos. Velocidades de ese orden permiten aumentar la masa canónica de Chandrasekhar, de acuerdo con las observaciones.

Imagen de la supernova Ia 2009dc para cuya enana blanca progenitora rotante se estima una masa de 2 $M_{Sol}$.

el aire, mayor en el hierro que en el agua. A nuestro alrededor, en el aire, es de unos 0,34 km/s y en una enana blanca de unos 5000 km/s.

Para producir la composición química que se observa en el espectro de una supernova Ia, necesitamos que la combustión comience como una deflagración, a una velocidad del orden del 3% de la velocidad del sonido —unos 150 km/s— en la enana blanca. Esto permite que la onda de presión, que va delante, desplazándose a 5000 km/s, barra toda la enana blanca, expandiéndola y provocando así una disminución de su densidad. El centro se quema a altas densidades, algo superiores a $10^{12}$ kg/m$^3$, produciéndose la combustión completa que lleva a los elementos del grupo del hierro. Las observaciones muestran que en las capas externas hay elementos como el silicio, el carbono o el magnesio, lo que implica que la combustión del carbono en esa zona se ha iniciado a densidades del orden de $10^{10}$ kg/m$^3$ que no permiten una combustión completa, hasta el hierro. Ahora nos encontramos con el problema contrario: si el frente de combustión se moviese todo el tiempo a una velocidad inferior a la del sonido, la densidad en las capas externas una vez son alcanzadas por la combustión sería del orden de $10^8$ kg/m$^3$ y no llegaría a quemarse el carbono. Dado que se observa muy poco carbono en los espectros, se deduce —como propuso el físico ruso nacionalizado estadounidense Alexei Khokhlov en 1991— que en algún momento el frente de combustión tiene que acelerar y convertirse en una detonación, con el fin de llegar a tiempo —antes de que disminuya demasiado su densidad— a las capas externas. Este mecanismo se llama de «detonación retardada» y hasta el momento es el único que explica correctamente las propiedades observadas de las supernovas de tipo Ia.

La energía generada en las reacciones nucleares explica correctamente las velocidades de expansión de decenas de miles de kilómetros por segundo que se observan. Estas energías —y velocidades— son muy similares en todas las supernovas Ia. La razón es que la masa de la enana blanca que explota es siempre la misma, próxima a la masa de Chandrasekhar. Por tanto, la cantidad de masa procesada por reacciones nucleares es también muy similar, ya que las observaciones indican que la cantidad de carbono que no se quema es del orden de centésimas de una masa solar, o poco más. La composición química del combustible es la misma, se trata de enanas blancas de carbono y oxígeno. La diferencia en la energía producida entre las combustiones completas (del carbono al grupo del hierro) e incompletas (del carbono a elementos como el silicio, el calcio y el magnesio) es pequeña, aportando solo ligeras diferencias en la energía nuclear total producida. En la mayoría de los casos, 1 $M_{Sol}$ experimenta combustión completa y, por tanto, alrededor de 0,4 $M_{Sol}$, combustión incompleta. Una parte de la energía nuclear debe invertirse en desligar gravitacionalmente la enana blanca. De nuevo, siendo enanas de la misma masa, la energía gravitatoria —o autogravitatoria— que las mantiene unidas es muy similar. Necesitamos invertir alrededor de unas 0,4 $M_{Sol}$ de combustible en esta operación. Por lo tanto, nos queda el equivalente a 1 $M_{Sol}$ de combustible para acelerar las distintas capas hasta las velocidades observadas. Este inventario energético (energía nuclear producida, energía gravitatoria —de ligadura— de la enana y energía cinética observada en la explosión) cuadra bastante bien y se basa sólidamente en principios de física nuclear.

Es más, las velocidades observadas —a través del efecto Doppler, del que hablamos en el primer capítulo— indican que la composición química final se estructura en capas, tal y como se produce en los modelos numéricos. Desde el centro a la superficie, encontramos primero los elementos del grupo del hierro expandiéndose a velocidades inferiores a unos 10000 km/s —damos números indicativos—, sobre estos se sitúan los elementos algo más ligeros —Si, Ca, Mg, O— con velocidades entre 10000 y 20000 km/s y, en la parte externa, el C —sin quemar— que se mueve a velocidades altas, superiores a 20000 km/s.

Entre los elementos del grupo del hierro que se generan, el más abundante es un elemento radiactivo, el níquel 56 ($^{56}Ni$), que decae a cobalto 56 ($^{56}Co$) y este, finalmente, decae a hierro ($^{56}Fe$) —ya hemos introducido estos elementos en el capítulo anterior al hablar de las curvas de luz de las supernovas de colapso gravitatorio—. Es precisamente la energía que se emite

FIG. 4

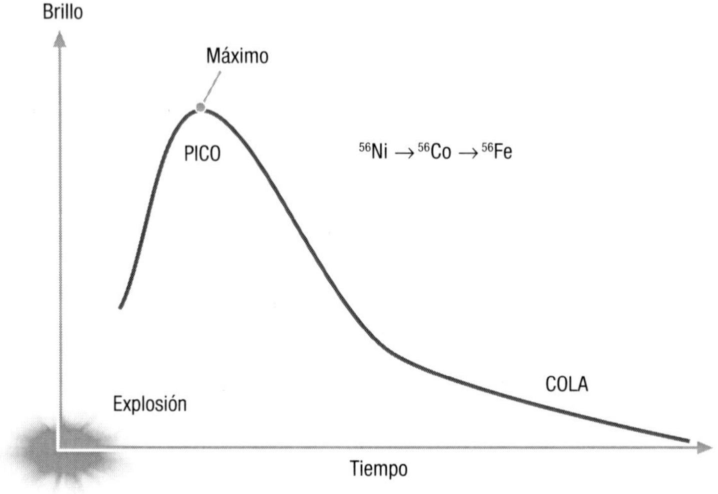


La curva de luz que observamos se debe a la energía radiactiva del decaimiento del $^{56}Ni$ sintetizado en la explosión. El brillo en el máximo es directamente proporcional a la cantidad de $^{56}Ni$.

en estas dos desintegraciones radiactivas el motor de las curvas de luz de las supernovas Ia. ¿Cómo se vería una supernova Ia en la que no se hubiese producido $^{56}Ni$ radiactivo? Sería solo un breve destello, la combustión nuclear calentaría la materia pero las altas velocidades de expansión de miles de kilómetros por segundo causarían rápidamente su enfriamiento.

La vida media de desintegración radiactiva es de 6,1 días para el $^{56}Ni$ y de 77,2 días para el $^{56}Co$. Esto quiere decir que la primera desintegración influye en la zona del pico de la curva de luz y la segunda es la responsable de lo que llamamos la cola (figura 4). De hecho, la cola refleja directamente la energía procedente de la desintegración del $^{56}Co$. Estas desintegraciones emiten energéticos rayos gamma que interaccionan con los electrones, transfiriéndoles energía. A su vez, los electrones colisionan con el resto de los núcleos, aumentando la temperatura de la materia y, finalmente, produciendo la luminosidad y cur-

La supernova SN2014J (recuadrada en la imagen superior) fue descubierta desde el observatorio de la Universidad de Londres (abajo). Situada en la galaxia vecina M82, a unos 11,5 años-luz de la Tierra, es la primera supernova la en la que se han detectado los rayos gamma procedentes de la desintegración radiactiva $^{56}Ni \longrightarrow {}^{56}Co \longrightarrow {}^{56}Fe$.

vas de luz que se observan. Al expandirse el material y disminuir su densidad, la probabilidad de interaccionar disminuye y una fracción cada vez mayor de rayos gamma escapa de la estrella, sin transferir su energía. Detectar esta radiación gamma fue durante años un objetivo prioritario.

Desde la década de 1960 se sabía que la desintegración radiactiva del $^{56}$Ni es la responsable de las curvas de luz de las supernovas Ia, pero la prueba observacional directa no se obtuvo hasta la aparición de la vecina 2014J (imagen superior de la página anterior). Se trataba de observar la radiación gamma procedente de una supernova Ia en la época del máximo de luz y confirmar que las líneas de emisión se corresponden con las del $^{56}$Ni. Las observaciones a altas energías, X y gamma, deben hacerse desde el espacio y constituyen un reto tecnológico. Fue el equipo liderado por el científico catalán Jordi Isern, del Instituto de Ciencias del Espacio (ICE) del CSIC, quien obtuvo esta primera prueba gracias a las observaciones de la SN2014J realizadas con el satélite Integral de la Agencia Espacial Europea. También fueron observadas las líneas correspondientes al $^{56}$Co en la época de la cola de la curva de luz, siendo el coordinador del equipo Eugene Churazov (del Instituto de Investigación Espacial, IKI, de Moscú y el Instituto Max Planck de Astrofísica, MPA, en Garching, Alemania). Estas observaciones finalmente confirmaron el escenario general; se calculó la masa de $^{56}$Ni necesaria para explicar la curva de luz en el visible, y todo cuadró. Un primer análisis de las observaciones realizado por el equipo del astrofísico alemán Roland Diehl favoreció una explosión sub-Chandrasekhar, con detonación de helio en las capas externas. Posteriormente, un análisis más preciso llevado a cabo por el equipo liderado por Jordi Isern abrió otros interrogantes: se encontró evidencia de $^{56}$Ni en la zona externa, con una distribución que no predicen los modelos de explosión propuestos, pero ¿acaso se trata de una característica de SN2014J, o de todas las supernovas Ia?

Una propiedad fundamental, identificada por el astrofísico estadounidense William David Arnett en los años sesenta, es que el máximo brillo alcanzado depende fundamentalmente de la cantidad de $^{56}$Ni producido en la explosión: cuanto más $^{56}$Ni, más brillo. La luminosidad —y curva de luz— de muchas supernovas Ia se reproduce correctamente con una cantidad de $^{56}Ni$ de alrededor de 0,6 $M_{Sol}$. Pero no todas las supernovas Ia tienen el mismo brillo, encontramos un amplio rango que, en los extremos, incluye las llamadas subluminosas y las super-luminosas, las primeras se podrían explicar con 0,1 $M_{Sol}$ de $^{56}Ni$, mientras que para las segundas necesitaríamos alrededor de 1 $M_{Sol}$ de $^{56}Ni$. En el caso de las supernovas de colapso gravitatorio, son suficientes alrededor de 0,01 – 0,1 $M_{Sol}$ de $^{56}Ni$ para explicar sus curvas de luz.

¿Cómo podemos obtener un rango en la masa de $^{56}Ni$ radiactivo en una supernova Ia? Los elementos del grupo del hierro se sintetizan a altas densidades. Por ello, si permitimos que la enana blanca se expansione mucho antes de la llegada del frente de combustión, disminuyendo su densidad, se producirán menos elementos del grupo del hierro, entre ellos el $^{56}Ni$, y más elementos producto de la combustión incompleta, como el silicio o el magnesio. En las detonaciones retardadas, descritas anteriormente, esto se regula en las simulaciones numéricas controlando cuándo se acelera el frente de combustión, pasando de velocidades subsónicas —deflagración— a supersónicas —detonación—. Si la transición ocurre pronto —poco tiempo de expansión—, se produce más $^{56}Ni$, y si la retrasamos, menos. De esta forma se puede, variando el tiempo de pre-expansión de la enana antes de la llegada del frente de combustión, reproducir el rango observado en las luminosidades de estas supernovas.

El problema es que en las simulaciones numéricas más realistas, realizadas en tres dimensiones, la aceleración requerida del frente de combustión no se produce de forma natural, como tampoco se produce esta aceleración en los experimentos realizados en la atmósfera terrestre. Por el contrario, en estas simulaciones numéricas, la llama se propaga todo el tiempo a velocidades inferiores a la del sonido, dejando abundante material sin quemar. Además, estas deflagraciones causan una mezcla significativa de material, que finalmente no aparece ordenado en capas —combustión completa, incompleta y sin quemar—, al contrario de lo que se observa. Debido a esto, se han propuesto otros mecanismos de explosión alternativos. Sin embargo, los resultados obtenidos no han logrado reproducir las observaciones tan bien como el mecanismo de detonación retardada en el que se provoca artificialmente la aceleración del frente de combustión.

En resumen, la detonación retardada de una enana blanca de carbono y oxígeno con una masa próxima a la masa crítica de Chandrasekhar, explica la mayoría de las propiedades observadas de las supernovas termonucleares: curvas de luz, espectros, velocidades, localización en galaxias sin formación estelar, etc. Los problemas fundamentales, detallados en la tabla de esta página, se resumen en dos: no se han identificado aún los progenitores de estas enanas blancas explosivas y el frente de combustión en las simulaciones numéricas más realistas no resulta acelerado y, en consecuencia, no se pueden reproducir las propiedades observadas.

Como veremos más adelante, las supernovas de tipo Ia son claves para entender el universo, pero entenderlas sigue siendo uno de los mayores desafíos. Por una parte, hemos conseguido explicar la mayoría de las propiedades observadas, muchas de las cuales se derivan directamente de la física nuclear, y la cantidad de datos observacionales con los que contrastar modelos teóricos no ha dejado de aumentar. Por otro lado, a pesar de contar con observaciones cada vez más precisas y con los modelos numéricos más detallados que emplean los supe-

| Supernovas Ia: cuestiones pendientes | |
|---|---|
| Progenitores | Identificación observacional directa del sistema progenitor |
| | Sistemas binarios viables que expliquen la tasa de natalidad de las SN Ia |
| | Reproducir la tasa de SN Ia a lo largo de la historia del universo |
| Explosión | Ignición del carbono |
| | Propagación del frente de combustión |
| | Transición de deflagración a detonación |
| | Dependencias observadas con las poblaciones estelares: conectar el progenitor con la explosión |

rordenadores más potentes, los problemas planteados aún no se han resuelto. La sensación es que llevamos demasiado tiempo intentando comprender y mejorar el modelo estándar y no lo conseguimos. Quizá haya que distanciarse de este modelo y explorar caminos alternativos con progenitores y mecanismos de explosión diferentes y viables.

# Indicadoras de distancia

Un requisito fundamental para que un objeto astronómico sea un buen indicador de distancias es que la luz que emite —su luminosidad— sea conocida. Para las cefeidas, como ya hemos visto, esto es posible a través de la relación periodo-luminosidad, la denominada ley de Leavitt. Las supernovas Ia también muestran una relación que permite obtener su luminosidad. La gran ventaja de las supernovas frente a las cefeidas y otros indicadores de distancia, es que son muy brillantes, por lo que podemos observarlas en galaxias muy lejanas. Esto las convierte en poderosas herramientas para explorar el universo a gran escala y estudiar su dinámica. Por eso decimos que son algo así como un faro cósmico. Si observamos una serie de bombillas que emiten la misma luz pero que están situadas a diferentes distancias, parecen más débiles las que están más lejos. Sabiendo la luz que emiten y midiendo la luz que nos llega, podemos estimar las distancias a las que se encuentran (figura 1). Es necesario además que las supernovas lejanas, que explotaron hace miles de millones de años, sean iguales a las actuales. Si nos cambian las bombillas, la calibración no sirve.

FIG. 1

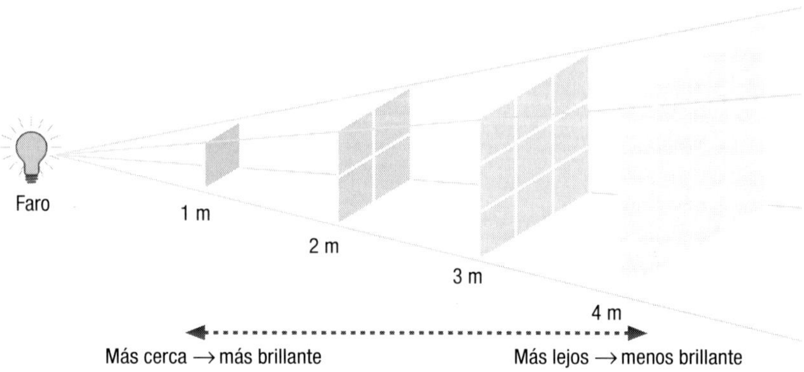


Cuanto más alejados estamos de la bombilla, menos brillante la vemos. Por consiguiente, si sabemos la luz que emite, podemos estimar la distancia midiendo la luz que nos llega. En este sentido, la gran luminosidad de las supernovas supone una gran ventaja a la hora de determinar distancias astronómicas.

FIG. 2

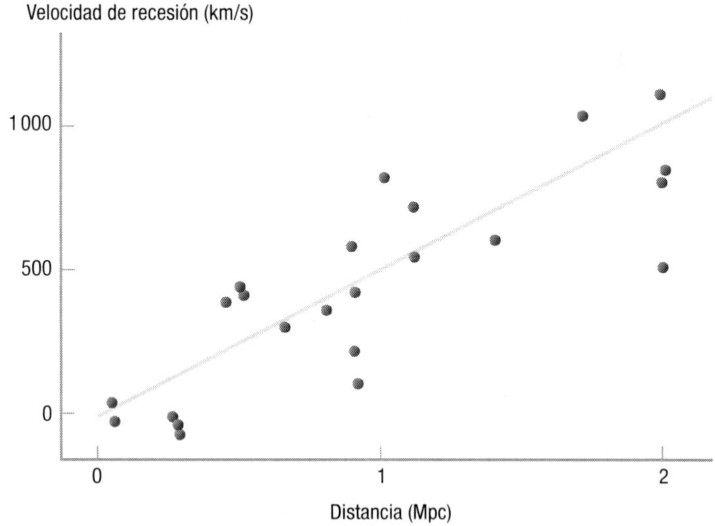


Diagrama de Hubble, publicado por Edwing Hubble en 1929. Se observa que las galaxias (bolas) más distantes se alejan de nosotros más rápidamente.

## FAROS EN EL FIRMAMENTO CÓSMICO

Las supernovas de tipo I se han usado para determinar distancias extragalácticas desde los años sesenta. Obtenidas las distancias, pueden derivarse parámetros cosmológicos analizando los llamados *diagramas de Hubble*. En un diagrama de Hubble representamos distancias a objetos astronómicos frente a sus velocidades; por ejemplo, la distancia a la que se halla una galaxia y la velocidad a la que se mueve con respecto a nuestra galaxia. La distancia la determinamos basándonos en un indicador —un faro cósmico, como una estrella cefeida o una supernova — y la velocidad a partir del desplazamiento de las líneas espectrales, basándonos, como ya hemos dicho con anterioridad, en el efecto Doppler. En la década de 1920, los astrónomos Edwin Hubble, Georges Lemaître, Knut Lundmark, Vesto Slipher y Carl Wirtz descubrieron que el universo estaba en expansión, por lo cual la mayoría de galaxias se alejan de la nuestra; el estadounidense Vesto Slipher (1875-1969) fue el primero, en 1912, en observar el desplazamiento al rojo de las líneas espectrales de las galaxias, hallando que sus velocidades radiales eran muy altas. Edwin Hubble, el sueco Knut Lundmark (1889-1958) y el alemán Carl Wirtz (1876-1939) constataron que las galaxias más distantes se alejan a más velocidad. En 1927, dos años antes que Hubble, el astrónomo y sacerdote belga Georges Lemaître (1894-1966) obtuvo, a partir de las ecuaciones relativistas que rigen la dinámica del universo, la relación entre la velocidad ($V$) a la que se aleja una galaxia y la distancia ($D$) a la que se encuentra. Lemaître publicó estos resultados en una revista científica belga, los cuales pasaron desapercibidos para la mayor parte de la comunidad científica. En 1929, recopilando los datos observacionales obtenidos hasta entonces, Hubble propuso la ley que lleva su nombre: $V = H_0 D$ (figura 2); $H_0$ es la llamada constante de Hubble y representa el ritmo de expansión actual del universo (decimos «actual» porque se obtiene en base a las velocidades de galaxias próximas a la nuestra). Su valor exacto, que aún se discute, suele expresarse en (km/s)/Mpc; es decir km/s por millón de pársecs (1 pc es una unidad de longitud que se emplea en astronomía y equivale a 3,26 años-luz). Si, por ejemplo, $H_0$ fuese 65 (km/s)/Mpc querría decir que galaxias situadas a un millón de pársecs de la Vía Láctea se alejan de nosotros a 65 km/s (o a 234 000 km/h).

Como ya sabemos, al alejarse las líneas en el espectro se desplazan a longitudes de onda mayores y, como la longitud de onda correspondiente al «rojo» es mayor que la del «visible», se suele hablar de «desplazamiento al rojo». Este desplazamiento al rojo se representa en cosmología con la letra «$z$» minúscula y su relación con el desplazamiento de la longitud de onda (efecto Doppler) es: $z = \Delta\lambda / \lambda_0 = V / c$; donde $\lambda_0$ es la longitud de onda emitida por la galaxia —la que mediríamos en el laboratorio— y $\Delta\lambda$ es la diferencia entre la longitud de onda que observamos, es decir, que recibimos en nuestros aparatos, y la que emite la galaxia. En una galaxia que se está alejando del observador se puede observar el desplazamiento hacia el rojo de sus líneas espectrales (figura 3).

Lemaître razonó correctamente que esta expansión implicaba que el universo existía desde un tiempo finito y que debía estar en expansión a partir de un punto singular. Sentaba las bases de la teoría del Big Bang —nombre que debemos al astrónomo británico Fred Hoyle (1915-2001), que aludió a esa «gran explosión» primigenia en un programa de radio de la BBC con cierta ironía—. Partiendo de un estado denso y caliente el universo se expande. Desde cualquier punto se observaría que el resto de galaxias se alejan, no existe una localización privilegiada. A las galaxias les ocurre lo mismo que a las pasas dentro de un bizcocho cuando aumenta su tamaño en el horno; cada una se aleja de las otras de manera uniforme. En un universo en expansión, el tamaño o factor de escala del universo se relaciona directamente con el desplazamiento al rojo de la longitud de onda, $z + 1 = R_0/R_z$, donde $R_0$ sería el factor de escala actual y $R_z$ el correspondiente a un desplazamiento al rojo, $z$. En este contexto, el desplazamiento al rojo nos refleja directamente el cambio en el factor de escala del universo en expansión. Actualmente, $R_z = R_0$ y, por tanto, $z = 0$. Sería, haciendo un símil, algo parecido a lo que sucede con el aumento que sufre la longitud de

FIG. 3

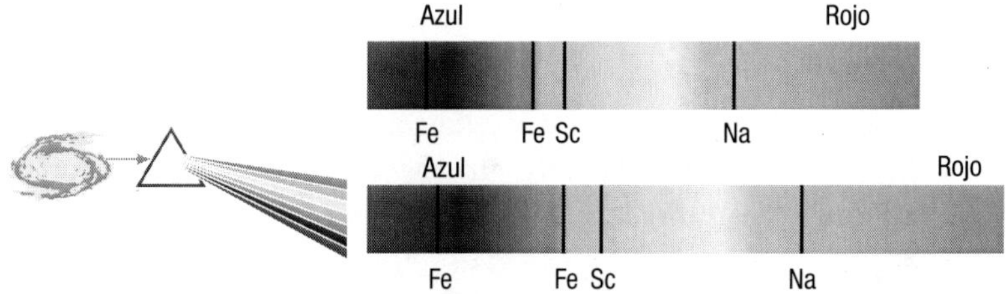


El desplazamiento al rojo de las líneas espectrales, en este caso de Fe, Sc y Na, nos da la velocidad de recesión de la galaxia. El espectro de arriba muestra la posición de las líneas en el laboratorio, mientras que el de abajo corresponde al espectro de la galaxia.

FIG. 4

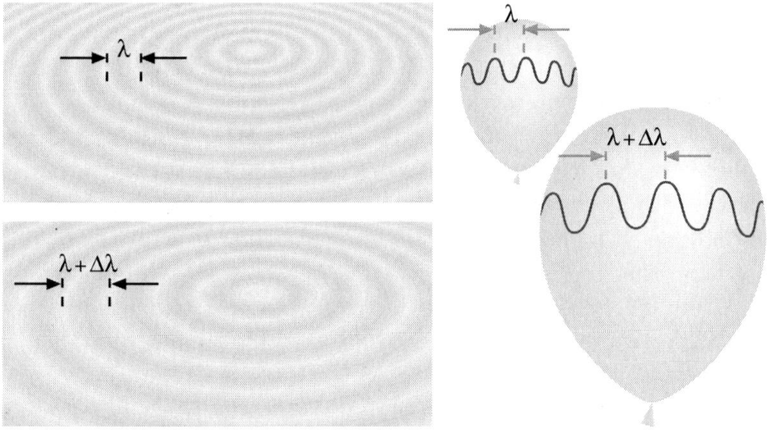


Como sucede con las ondas que se forman en un lago al arrojar una piedra o en un globo que se infla, al aumentar el tamaño del universo, la longitud de onda también aumenta.

onda en un lago, supuestamente en «expansión», o en un globo que se infla (figura 4).

Si nada frena —o acelera— esa expansión, la constante de Hubble habría sido siempre «constante» y, extrapolando hacia atrás en el tiempo, podríamos estimar la edad del universo como la inversa de la constante de Hubble. Pero en el universo hay materia —la vemos—, y la materia se atrae por la fuerza de la gravedad: eso frena la expansión. Y un universo cuya expansión se frena es más joven que uno que se expande a un ritmo constante. La edad que resulta presenta un grave problema: el universo es más joven que los objetos que contiene: ¡imposible!

Ciertamente, no se hallaba ninguna solución al problema de la edad, aunque tampoco parecía que esto preocupase especialmente a la comunidad científica: los astrofísicos, que determinaban las edades de los cúmulos estelares más antiguos —los cúmulos globulares—, pensaban que en cosmología había mucha teoría y pocas observaciones astronómicas que las verificasen, y los cosmólogos confiaban en sus teorías y dudaban de las determinaciones empíricas de edades de los cúmulos globulares hechas por sus colegas. ¡Ambas comunidades creían tener razón!

Pero… ¿cuánto frena la materia la expansión? Extendiendo los diagramas de Hubble a mayores distancias y desplazamientos al rojo podemos conocer cuál ha sido la historia de la expansión del universo y derivar así las propiedades de sus componentes.

¿Qué observaríamos?, ¿qué observamos cuando lanzamos, desde la superficie terrestre, un objeto hacia arriba? Lo que vemos es que su velocidad va disminuyendo hasta que se para y vuelve a caer; esto es debido a la gravedad. En un punto donde la aceleración de la gravedad sea de 9,8 m/s$^2$ —que es un valor estándar— y en ausencia de rozamiento, a cada segundo que pasa la velocidad del objeto que asciende disminuye 9,8 m/s (o 35,3 km/h, 1 km = 1 000 m y 1 hora = 3 600 s). Por ejemplo, un motorista que se lanzase, con el motor parado, por una rampa vertical hacia arriba con una velocidad inicial de 300 km/h tardaría solo 8,5 s en llegar al punto más alto y caer de vuelta. A la inversa, si no conociésemos el valor de la gravedad pero pudiésemos medir la velocidad del motorista en dos instantes de tiempo —o en dos posiciones en el espacio que recorre subiendo— podríamos medir su desaceleración y, por la ley de Newton de la gravedad, determinar la masa que lo atrae, frenándolo. La ley de Newton nos dice que la aceleración de la gravedad, $g$, en un punto situado a una distancia $R$ de un objeto, cuya masa es $M$, es igual al producto de la constante de gravitación universal, $G$, multiplicada por la masa del objeto, $M$, y dividido por el cuadrado de la distancia al punto en cuestión: $g = GM/R^2$, sustituyendo en esa expresión $M$ por la masa de la Tierra y $R$ por su radio, obtendríamos el conocido valor de la gravedad en la superficie de la Tierra, antes mencionado, 9,8 $m/s^2$. Alternativamente, midiendo el valor de la gravedad ($g$) en un punto (a una distancia $R$), podemos estimar la masa que ejerce esa atracción gravitatoria. Y para medir la gravedad, que es una aceleración, podemos medir las velocidades o las posiciones en dos instantes de tiempo. La idea es simple.

Para este proyecto, cuyo objetivo era analizar la variación del ritmo de expansión del universo en el tiempo —abarcando una parte importante de la historia del universo— se necesitaban faros cósmicos muy luminosos que pudiesen verse a grandes distancias. Las supernovas Ia, con luminosidades comparables a las de toda una galaxia, parecían buenas candidatas (véase la imagen de la pág. 103). Había que tener en cuenta, como ya hemos comentado, que las supernovas Ia no son todas iguales: es necesario calibrarlas, y calibrarlas bien; cualquier error en la calibración de un indicador de distancia se traduce directamente en un error en la distancia estimada.

El astrofísico estadounidense Mark M. Phillips (n. 1951), especializado en el estudio observacional de supernovas, identificó en 1993 una relación entre la forma del pico de la curva de luz de las supernovas Ia y el máximo brillo alcanzado: las supernovas más brillantes presentaban un declive del brillo más lento después de alcanzar su máximo de luz, mientras que las menos brillantes presentaban un declive más rápido. Mark M. Phillips cuantificó este efecto y propuso una relación entre el brillo en el punto máximo y el declive tras los quince primeros días después de aquel (medidos ambos en magnitudes). Esta relación se conoce como la relación máximo-declive o relación de Phillips (figura 5) y se obtuvo en base a observaciones de supernovas en galaxias próximas, cuyas distancias se conocían por otros métodos, como las cefeidas; solo de esa forma podemos obtener la luminosidad o brillo intrínseco de las supernovas, necesaria para la calibración. La relación de Phillips permite inferir la luminosidad en el máximo de una supernova Ia

FIG. 5

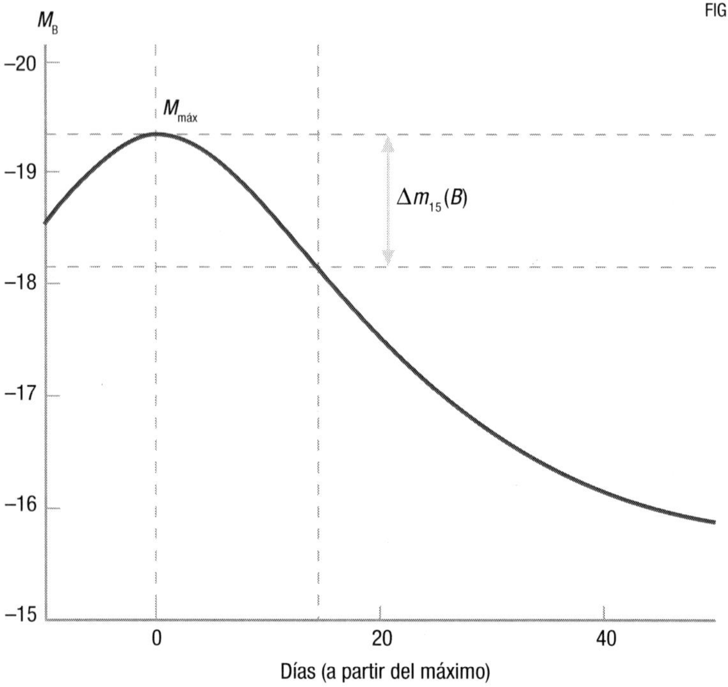


La calibración de Phillips de las supernovas la se basa en la relación entre $M_{máx}$ y $\Delta m_{15}$.

situada en una galaxia a distancia desconocida observando la forma de su curva de luz. Una vez obtenida su luminosidad, derivamos la distancia midiendo la luz que nos llega (como en la figura 1).

## CAZADORES DE SUPERNOVAS

Los equipos de dos de los observatorios más importantes de Chile, el Observatorio Interamericano de Cerro Tololo, donde trabajaban Mark M. Phillips y otro especialista en supernovas, el estadounidense Nicholas B. Suntzeff (n. 1952), y el Observatorio de Cerro Calán, en el que estaban los astrónomos chilenos

Imagen obtenida por el telescopio espacial Hubble de la supernova de tipo Ia 1994D (abajo a la izquierda) situada a 50 millones de años-luz de la Tierra en la galaxia espiral NGC 4526. Podemos apreciar la alta luminosidad de este tipo de supernovas, lo que las convierte en excelentes faros cósmicos.

## LA PESADILLA DE LOS «GUARDIANES» DE LOS FAROS CÓSMICOS

Todos los faros cósmicos en los que nos basamos para medir distancias extragalácticas se calibran localmente, es decir, observándolos en galaxias cuyas distancias conocemos por otros métodos. Conociendo la distancia, calculamos su magnitud absoluta y la relacionamos con otra propiedad fácilmente observable (periodos, como en las cefeidas y otros tipos de estrellas variables; velocidades en galaxias; anchura del pico o ritmo de declive en las supernovas Ia, etc.). Establecida esta relación de calibración e identificando el faro cósmico correspondiente en otra galaxia, podemos estimar su distancia y los parámetros cosmológicos. Centrándonos en las supernovas Ia, una suposición básica es que las supernovas «actuales» —las que han explotado en galaxias vecinas y hemos empleado para establecer la calibración— son iguales a las que explotaron hace miles de millones de años. Si las supernovas fuesen distintas, la relación de calibración no sería aplicable, y estaríamos estimando erróneamente la distancia. Esta posible «evolución» constituye una pesadilla para los astrónomos que observan esos faros cósmicos.

### *Unas cuantas preguntas y un montón de dudas*

Las galaxias y el universo evolucionan. Las estrellas menos masivas, que evolucionan más lentamente, comienzan a contribuir a la población de progenitores de supernovas Ia más tarde que las estrellas masivas. El universo, a través de la nucleosíntesis estelar y explosiva, se va enriqueciendo de elementos pesados. Los progenitores de las supernovas que explotaron hace varios miles de millones de años eran, probablemente, más ricos en hidrógeno y helio y más pobres en elementos pesados que los actuales. ¿Dependen las supernovas de la masa inicial y de la composición química de la estrella progenitora de la enana blanca? ¿Y de las propiedades del sistema binario? ¿Están ya incluidos todos estos posibles efectos en la relación de calibración que se obtiene empíricamente? En las galaxias de nuestro entorno, empleadas para obtener la relación de calibración, la composición química varía; por ejemplo, las Nubes de Magallanes contienen menos elementos pesados que la Vía Láctea.

### *Dificultades en la cuantificación*

Las observaciones de supernovas Ia en distintos tipos de galaxias muestran ciertas dependencias: las supernovas más brillantes ocurren asociadas a poblaciones jóvenes, en las que la tasa de supernovas es mayor. Es más, la relación de calibración parece sobrestimar las distancias a galaxias masivas, con poca formación estelar. Esta sobrestimación puede deberse a que las supernovas son intrínsecamente menos brillantes. Además, habría que tener en cuenta la extinción o absorción de la luz en su viaje desde la supernova a nuestros telescopios. La composición y cantidad de polvo interestelar varía con el tiempo; algunas estrellas de baja masa y vida larga han comenzado a contribuir recientemente, a través de sus episodios de pérdida de masa, al polvo cósmico. Cuantificar estos efectos es complicado.

### *Calibrando el margen de error*

¿Qué error podemos admitir en las distancias o en la magnitud absoluta a la hora de obtener parámetros cosmológicos? Para determinar la naturaleza de la energía oscura, la precisión actual en las distancias tiene que aumentarse, al menos, en un factor 10, y esto implica identificar y controlar todos los posibles efectos mencionados. En caso contrario, observar un mayor número de supernovas con un alto desplazamiento al rojo disminuirá nuestros errores estadísticos pero no nos conducirá a distinguir entre distintos candidatos a energía oscura, ni su posible evolución.

El papel del polvo es aún difícil de cuantificar. Puede ocultar, disminuir la luminosidad y cambiar el color de las supernovas. En esta imagen se observa una supernova oculta por el polvo. Fue descubierta durante la búsqueda de agujeros negros con el telescopio espacial Spitzer, que detecta la luz en el infrarrojo.

Mario Hamuy (n. 1960) y José Maza (n. 1948), consiguieron una buena muestra de supernovas Ia y perfeccionaron la relación de calibración. Aumentaron la precisión de la relación de calibración teniendo en cuenta la extinción que sufre la luz al atravesar nuestra galaxia y, en algunos casos, también al atravesar la galaxia en la que se había producido la supernova. Basándose en esa relación, estudiaron supernovas con alto desplazamiento al rojo. Su trabajo fue posteriormente reconocido por la Academia de las Ciencias Suecas en la ceremonia del premio Nobel del que hablaremos posteriormente.

Utilizando a las supernovas Ia como indicadores de precisión para estimar distancias extra-galácticas, con los avances técnicos que permitían descubrir supernovas lejanas de forma rutinaria, y teniendo en cuenta que la materia presente en el universo frena la expansión, dos grupos independientes especializados en el estudio de supernovas iniciaron sendos proyectos destinados a estimar la masa del universo midiendo cuánto se frena la expansión. La gran sorpresa no tardó en llegar: la expansión no se frena, es justo al revés, se está acelerando. ¿No es increíble? Es como si contempläsemos al motorista del ejemplo anterior alejarse de la Tierra cada vez más deprisa en vez de frenarse y volver a caer. Pensaríamos que el motorista dispone de una fuente de energía, un motor tan potente que no solo compensa la atracción gravitatoria, sino que lo acelera. A esa nueva forma de energía, componente fundamental del universo, la denominamos energía oscura.

Contamos entonces con tres posibilidades (figura 6): un universo con un ritmo de expansión constante, uno en el que la materia frena la expansión, como el que se esperaba observar, y el universo acelerado que, de hecho, se observa. Para más inri, esta nueva y exótica componente del universo que acelera la expansión, es la más común de todas: de acuerdo a las observaciones realizadas, casi un 70% de la materia/energía del universo debe de ser energía oscura.

De ser así se resuelve un problema que planteamos anteriormente: el de la edad del universo. Un universo en el que la expansión se ha ido acelerando hasta llegar al ritmo actual, es

FIG. 6

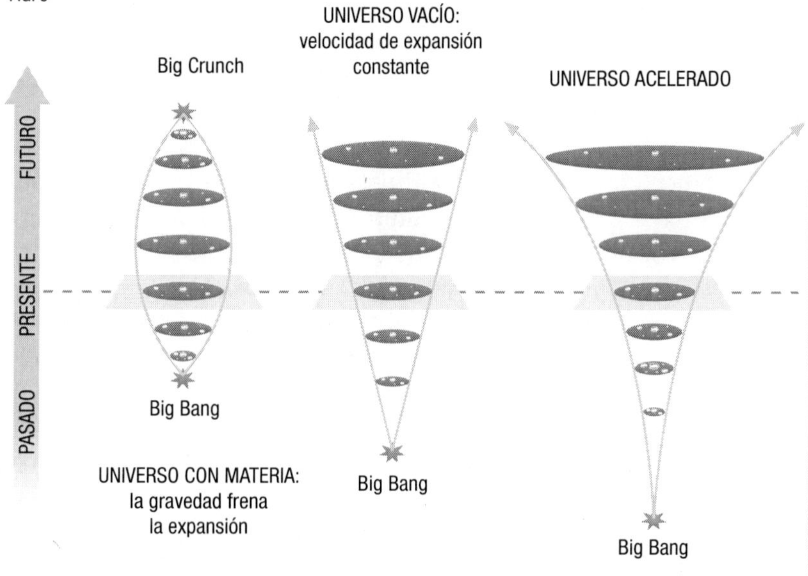


La dinámica de la expansión del universo depende de su contenido: en un universo vacío el ritmo de expansión sería constante, igual al actual, mientras que en un universo con materia la gravedad frenaría la expansión y el universo sería más joven. Las supernovas indican que la expansión se acelera y el universo es más viejo.

más viejo. Para entender esto imaginemos una motorista que llega a nuestra casa a 65 km/h y nos dice que ha venido acelerando (es decir, que antes se movía más lentamente). Esta motorista llevaría más tiempo en camino que un motorista que llegase a 65 km/h pero que viniese frenando (es decir, que antes se movía más rápidamente).

Los dos equipos de investigadores que llegaron al resultado anterior son el *High-redshift Supernova Reach Team* (Equipo de Investigación de Supernovas de Alto desplazamiento al rojo), liderado por el astrofísico estadounidense Brian Schmidt (investigador en el Observatorio de Monte Stromlo, perteneciente a la Universidad Nacional Australiana), y el *Supernova Cosmology Project* (Proyecto Cosmológico de Supernovas), liderado por su colega y compatriota Saul Perlmutter (investigador en el

Laboratorio Nacional de Berkeley, gestionado por la Universidad de California). Sus resultados fueron publicados en 1998 y 1999 en dos revistas internacionales especializadas de astronomía, que es la forma habitual de comunicar un resultado científico. En ambos casos, el título de los artículos ya hace referencia a la «aceleración» de la expansión, identificándola con la constante cosmológica propuesta por Einstein para resolver una cuestión casi opuesta. Lo que estos equipos observaron es que las supernovas Ia situadas en un desplazamiento al rojo de alrededor de $z = 0{,}5$, aparecían 0,25 magnitudes más débiles de lo que se esperaba, en la suposición de un universo expandiéndose a un ritmo constante. Si son más débiles (es decir, que recibimos menos luz), implica que están más lejos y, por tanto, que la expansión se ha acelerado desde entonces. Si la expansión se estuviese frenando, las supernovas a un determinado desplazamiento al rojo (o factor de escala del universo) estarían más próximas de lo que les correspondería en un universo con expansión constante (figura 6). Por este descubrimiento, los jefes de ambos equipos, Saul Perlmutter y Brian Schmidt, y también el astrofísico Adam Riess, investigador del Instituto del Telescopio Espacial (centro operacional de los telescopios Hubble y James Webb, ubicado en Maryland, Estados Unidos) y miembro del equipo de Brian Schmidt, obtuvieron el premio Nobel en Física en 2011. En concreto, se les otorgó el premio Nobel por «el descubrimiento de la aceleración de la expansión del universo a través de las observaciones de supernovas lejanas». Saul Perlmutter nacido en 1959, obtuvo su doctorado en 1986 por la Universidad de California-Berkeley; Brian Schmidt nació en 1967, y logró el suyo en 1993 por la Universidad de Harvard, al igual que hizo Adam Riess (n.1969), tres años después. Ambas universidades son catalogadas por la mayor parte de *rankings* entre las cuatro mejores del mundo y, en la rama de ciencias, suelen aparecer en los dos primeros puestos.

Así pues, tal y como indican las supernovas termonucleares, la aceleración actual de la expansión es necesaria, independientemente de otras suposiciones. Incluso en un universo vacío de materia, en el que la expansión fuese constante, se necesita aceleración. La característica fundamental de esta nueva componente del universo, la energía oscura, es que ejerce una especie de gravedad negativa. Resulta sorprendente, pero lo cierto es que encaja muy bien en el puzle cosmológico.

Tras estos descubrimientos se entró en una época de cosmología observacional de precisión. Los distintos experimentos diseñados para medir el fondo cósmico de microondas (conocido por CMB, por las siglas en inglés *Cosmic Microwave Background radiation* ), como el COBE (*Cosmic Background Explorer* o *Explorer 66*, un satélite lanzado en 1989), el Experimento BOOMERanG (*Balloon Observations Of Millimetric Extragalactic Radiation and Geophysics*, cuyos dos globos fueron lanzados en 1998 y 2003 respectivamente), WMAP (*Wilkinson Microwave Anisotropy Probe*, una misión de la NASA iniciada en 2001) y la misión del Planck, el telescopio espacial de la ESA, lanzado en 2009, indicaron, y lo siguen haciendo, que la geometría del universo es plana o casi plana.

## CMB: UN ECO DE LO MÁS LEJANO DESCUBIERTO POR CASUALIDAD

Pero… ¿qué es exactamente el CMB, este fondo cósmico de microondas que medimos actualmente? La teoría del Big Bang ya lo había predicho. Inicialmente, cuando el universo era muy denso y caliente, los fotones estaban atrapados por la materia —como si quedaran aprisionados en una niebla espesa—, interaccionando continuamente con los electrones libres y no conseguían recorrer mucha distancia. Al expandirse el universo, la temperatura disminuyó, y los electrones se combinaron con los protones formando átomos de hidrógeno (se suele hablar de «recombinación» pero no había existido ninguna otra «combinación» anterior). Al no interaccionar con los electrones, los fotones pudieron escapar; decimos que el universo se hizo «transparente» a la radiación. Se estima que esto ocurrió unos 400 000 años después del Big Bang y, desde entonces, aquellos fotones han estado viajando por nuestro universo en expansión. Los científicos estimaron, dentro del marco de la teoría del Big Bang, la temperatura del universo en aquel momento y, teniendo en cuenta la expansión, calcularon las características que tendría la radiación correspondiente actualmente. Se predijo que la temperatura de aquella radiación sería hoy de unos 270 grados centígrados bajo cero, una radiación poco energética en el rango de las microondas. A medida que la expansión ha ido aumentando, lo ha hecho también la longitud de onda (figura 4).

El CMB fue detectado casualmente en el año 1965 por los físicos Arno Allan Penzias (n. 1933) y Robert Woodrow Wilson (n. 1936) cuando experimentaban con un nuevo tipo de antena de microondas para la compañía telefónica estadounidense Bell. ¿Qué era ese extraño ruido de fondo? Parecía una radiación que venía desde todos los puntos del espacio. Tras probar todo tipo de estrategias para eliminar esas interferencias, Penzias y Wilson leyeron los trabajos de los físicos Robert Dicke y Jim Peebles sobre la radiación de fondo cósmica. Hablaron por teléfono con Dicke para contarle ese «problemilla» que les había surgido con la antena y este concluyó que se trataba de «su ruido», ese tan largamente buscado que probaba la existencia del CMB, algo que, por cierto, ya había predicho con anterioridad otro gran físico, George Gamow. Según cuenta el escritor británico Bill Bryson en su obra *Una breve historia de casi todo*, parece que al colgar el auricular, Dicke se dirigió a sus colegas y les espetó: «Bueno, muchachos, se nos acaban de adelantar».

Fuera como fuera, Penzias y Wilson fueron los primeros en captar ese eco procedente del momento en que se originó el universo y por este descubrimiento fueron galardonados con el premio Nobel de Física en 1978. Esta radiación, que es lo más próximo al Big Bang que podemos detectar, ha viajado por todo el universo desde entonces, trayéndonos información sobre su geometría y sus componentes.

Todos los datos del CMB concuerdan con que la geometría del universo es plana o casi plana. Pero ¿qué quiere decir «geometría plana»? Si lanzásemos al espacio, lejos de toda concentración de masa importante, dos rayos láser paralelos y estos continuasen siendo paralelos, la geometría sería plana: es la

FIG. 7

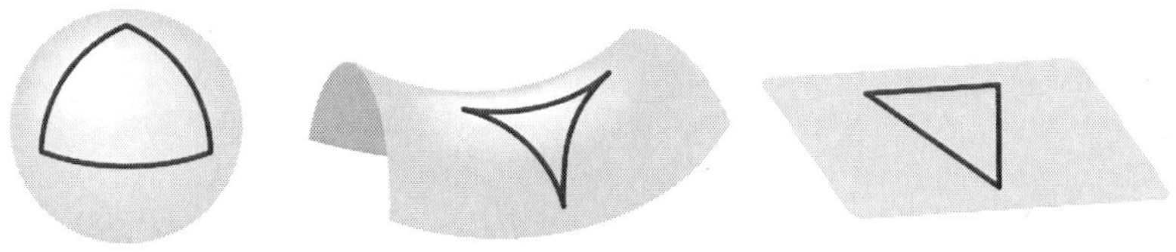

Espacio cerrado: los tres ángulos del triángulo suman > 180°

Espacio abierto: los tres ángulos del triángulo suman < 180°

Espacio plano: los tres ángulos del triángulo suman 180°

geometría a la que estamos habituados, la denominada euclídea. En caso de que los rayos convergiesen, la geometría sería cerrada, y si divergieran, diríamos que el espacio es «abierto». La figura 7 muestra como serían los ángulos de un triángulo equilátero en las tres geometrías mencionadas. En un espacio plano cada ángulo mediría 60 ° y su suma, 180 °. Este comportamiento depende de la densidad de materia y energía del universo. Para que este sea plano, se necesita una densidad de materia o energía equivalente a seis núcleos de hidrógeno por metro cúbico, que es lo que suele llamarse *densidad crítica.*

Entonces ¿sabemos cuánta masa hay en el universo?, ¿conocemos cuál es su densidad? Ya que la masa ejerce gravedad, podemos medirla a través de sus efectos. Por ejemplo, observando cómo se mueven las galaxias en un cúmulo de galaxias podemos estimar la masa responsable de esa dinámica. Se deduce que la densidad de materia que ejerce gravedad en el universo es alrededor de un 30% de la densidad crítica. Este valor resulta mayor que la densidad de materia que vemos, la que emite luz. También resulta mayor que la densidad de materia «normal», como la que conocemos en la Tierra y forma los planetas y las estrellas —átomos compuestos por protones, neutrones y electrones— y que, según la teoría del Big Bang, sería alrededor del 5% de la densidad crítica. Es decir que un 25% de la materia que ejerce gravedad no está formada por átomos. Ese porcentaje es lo que llamamos materia oscura (en inglés, *dark matter*) y lo cierto es que aún no sabemos lo que es, a pesar de que nos resulta familiar. Convivimos con su evidencia desde la década de 1970, cuando su existencia fue confirmada observacionalmente por los trabajos de los astrónomos estadounidenses Kent Ford (n. 1931) y Vera Rubin (n. 1928) —esta última pionera en la medición de la rotación de estrellas— sobre el movimiento de las estrellas en la galaxia de Andrómeda, y teóricamente por las simulaciones numéricas del astrofísico neoyorquino Jeremiah Ostriker (n. 1937) y James Peebles, antes nombrado por pertenecer al equipo de Robert Dicke. La existencia de esa materia invisible ya había sido propuesta cuarenta años antes por el astrofísico suizo de origen búlgaro Fritz Zwicky (1898-1974), quien de hecho fue quien la bautizó cuando la denominó como *dunkle Materie* («materia oscura» en alemán) en 1933 mientras estudiaba el movimiento de las galaxias del cúmulo de Coma. La materia oscura aparece de forma natural en los modelos de partículas y hay varios experimentos, en aceleradores de partículas y en telescopios especiales, que intentan detectar alguna de las candidatas propuestas. Por el momento, sin novedad en el frente.

Según el inventario anterior en nuestro universo hay un 32% de materia que ejerce gravedad (figura 8). De esta, la mayor parte —un 27%— es materia oscura, a la que no vemos y de la que aún no sabemos de qué partícula o partículas está compuesta. De acuerdo con las observaciones del CMB, para explicar que el universo es plano nos hace falta un 68 % más de materia o energía. Este 68 % encaja perfectamente con la densidad de energía oscura necesaria para explicar la aceleración de la expansión del universo según las supernovas Ia. De esta forma, son varias las observaciones independientes que convergen en lo que se ha llamado «concordancia cósmica» y el modelo estándar cosmológico: un universo formado por energía oscura y materia oscura, que tiene geometría plana, expansión acelerada y cuya edad no se contradice con la de los objetos más antiguos. De este universo, sin embargo, desconocemos un 95% de su contenido. Sin duda, a las generaciones futuras les queda mucho trabajo por delante.

FIG. 8

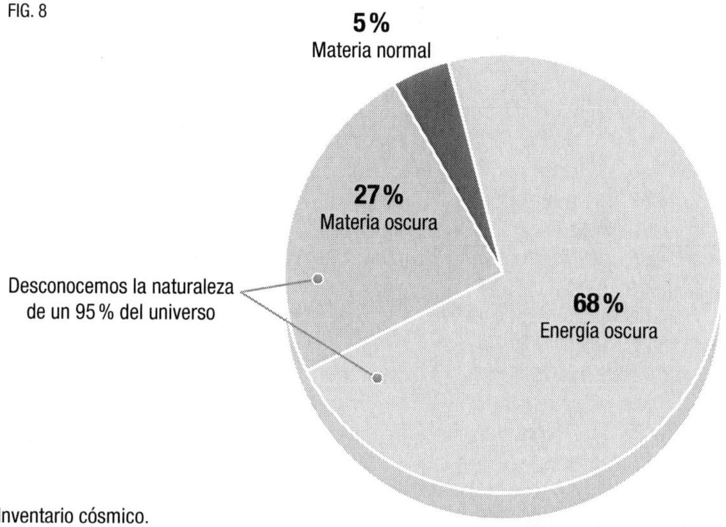


Inventario cósmico.

## CONCORDANCIA CÓSMICA: LA ENERGÍA OSCURA EXISTE

La «concordancia cósmica», que reúne resultados de varios experimentos, llevó a la comunidad científica a recibir con entusiasmo la existencia de algo tan exótico como la energía oscura. Algunos científicos han propuesto alternativas a la energía oscura, como determinadas modificaciones de la ley de la gravedad a grandes escalas, pero hasta el momento ninguna de las propuestas realizadas explica satisfactoriamente todos los datos. Otros científicos han dudado de la interpretación dada a las observaciones de supernovas termonucleares. Quizá estas supernovas lejanas aparecen más débiles, no porque estén más lejos —que es la interpretación que lleva a la aceleración de la expansión— sino porque aquellas explosiones fueron menos brillantes. O bien quizá parezcan más débiles porque estamos subestimando la absorción que experimenta su luz en el largo viaje a través del espacio. En este último caso, el efecto debería aumentar siempre con la distancia, que no es el caso, como veremos a continuación.

## VERA RUBIN Y LA MATERA OSCURA

Vera Cooper Rubin nació el 23 de julio de 1928 en Filadelfia, Estados Unidos. Desde pequeña se sintió atraída por las estrellas, que observaba cada noche desde su cama por una claraboya situada en el techo de su habitación. Ignorando las advertencias contrarias de algunos de sus profesores, se graduó en Astronomía en la universidad para mujeres Vassar College en 1948. Tras ello, solicitó ser admitida en el programa de posgrado en astrofísica de la Universidad de Princeton, pero en aquella época la prestigiosa institución no admitía mujeres (y no lo haría hasta casi treinta años después, en 1975). Finalmente se matriculó en la Universidad de Cornell, donde tuvo profesores extraordinarios (entre ellos dos premios Nobel), como el físico alemán Hans Bethe, el célebre físico teórico y divulgador estadounidense Richard Feymann y el profesor del Instituto Tecnológico de Massachusetts (MIT) Philip Morrison. En 1954, Rubin se doctoró por la Universidad de Georgetown, siendo su director de tesis otro físico genial, George Gamow.

### *Una materia desconocida incide en el movimiento galáctico*

Rubin se especializó en el estudio del movimiento de las galaxias, llegando a resultados contrarios a los esperados. La opinión estaba entonces dominada por la expansión y el Big Bang. Como ella misma ha comentado *a posteriori*, se hizo pronto famosa... pero negativamente. Finalmente, en la década de 1970 realizó, en colaboración con el astrónomo Kent Ford (n. 1931), un estudio completo de las velocidades de rotación de las estrellas en más de doscientas galaxias, obteniendo la evidencia observacional irrefutable de existencia de «materia oscura»: la gravedad requerida para explicar el movimiento superaba en mucho a la que podía ejercer la materia visible.

### *La lenta incorporación de la mujer a la ciencia*

Desde que en 1948 descubriera que muchas universidades no admitían a mujeres, independientemente de su valía, Vera Rubin ha ido rompiendo barreras a lo largo de toda su vida. En 1965 fue la primera mujer a la que se le permitió usar los telescopios de Monte Palomar, en San Diego, California. Pero en entrevistas recientes ha reconocido que se ha avanzado menos de lo que ella esperaba: aunque el número de mujeres que realizan el doctorado ha aumentado, superando al de hombres en la mayoría de las áreas, eso no se refleja aún en las plantillas académicas, ni en los puestos de más responsabilidad. Vera Rubin nos dejó el 25 de diciembre de 2016.

Vera Rubin, en la imagen señalando a una de los millones de estrellas que conforman la galaxia Andrómeda, fue una pionera en el estudio de las rotaciones orbitales de las galaxias.

Desde 1998, la evidencia de la existencia de la energía oscura se ha ido confirmando con más y mejores datos de supernovas y de otros experimentos. Los datos son compatibles con una densidad de energía oscura constante en el tiempo, es decir, que no se diluya al aumentar el tamaño del universo —como pasa con la densidad de materia, que se diluye según $1/R^3$—. De hecho, las supernovas Ia más lejanas observadas, aquellas que explotaron antes de que el sistema solar se formase, nos muestran que entonces la expansión del universo frenaba (figura 9). Es decir, que a mayores desplazamientos al rojo, próximos a 1, las supernovas aparecen más brillantes —están más cerca— de lo que les correspondería en un universo con un ritmo de expansión constante. Esta evolución de la dinámica del universo se explica bien con una densidad de energía oscura constante: inicialmente la densidad de materia domina la expansión, frenándola, pero al expandirse el universo y, por tanto, disminuir la densidad de materia, comienza a dominar la densidad de energía oscura. La aceleración de la expansión sería un hecho relativamente reciente; existimos en un universo acelerado. ¿Se trata de un cúmulo de casualidades?

En el año 1917 Albert Einstein introdujo la denominada constante cosmológica en las ecuaciones relativistas que explican la dinámica del universo. Esta constante tiene las propiedades descritas para la energía oscura, aunque Einstein no pretendía acelerar el universo con ella sino hacerlo estacionario (es decir, sin expansión ni contracción). Poco después se descubrió que el universo estaba en expansión —ley de Hubble— y Einstein retiró su constante cosmológica, calificándola como un gran error.

Entonces... ¿qué puede ser esa materia que presenta una densidad constante y que ejerce una especie de repulsión gravitatoria? Lo más razonable sería que fuera una propiedad del espacio mismo, como la densidad de energía del vacío. En 1934 Georges Lemaître ya sugirió esta explicación para la constante cosmológica. Pero ahora, tras el desarrollo de la mecánica cuántica, hablamos del vacío cuántico: el espacio vacío no estaría en realidad tan vacío, sino compuesto por pares de partículas y anti-partículas que existirían por tiempos muy cortos, creándo-

FIG. 9

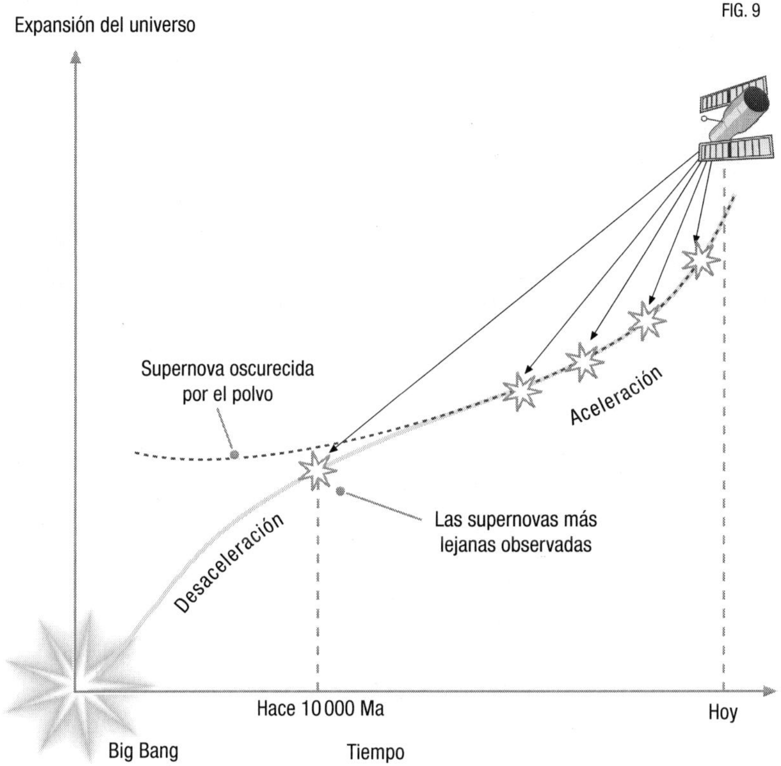


Las supernovas la más lejanas observadas muestran una época en la que la expansión se frenaba. El efecto del polvo intergaláctico produciría un efecto opuesto, como se muestra en la figura.

se y aniquilándose mutuamente y aportando una determinada energía. Esta idea y su conexión con la constante cosmológica tampoco es una novedad, pues fue propuesta en 1967 por el gran físico ruso Yákov Zeldóvich (1914-1987). El problema es que entre la cantidad de energía oscura que se necesita para explicar las observaciones de supernovas lejanas y la que se calcula que existe teóricamente, asociada a esos pares de partículas y anti-partículas que integrarían el vacío, hay una discrepancia de al menos $10^{50}$: nada menos que un 1 seguido de 50 ceros; pensemos que la edad del universo, expresada en segundos, sería del orden de $10^{17}$ s, un 1 seguido de 17 ceros. Es una discrepancia tan grande que nos invita a concluir que la hipótesis de la energía del vacío no es viable. O bien que, por alguna razón no identificada, toda esa energía casi se anularía, quedando solo esa pequeña cantidad necesaria para explicar la expansión del universo que muestran las supernovas. Una incógnita más para la física teórica y la astrofísica.

¿Quizá pueden las supernovas darnos alguna pista sobre la naturaleza de la energía oscura? Como ya hemos comentado, los resultados son compatibles con una densidad de energía oscura constante, cuyo valor no disminuya al aumentar el tamaño del universo. Para afinar más y detectar, por ejemplo, una posible variación de esa densidad de energía oscura, necesitaríamos mejorar la precisión en las distancias que estimamos, basándonos en las observaciones de supernovas Ia, pero... ¿es esto posible?

Los problemas que identificamos al calcular distancias a supernovas son similares a los asociados a cualquier faro cósmico y a los que encontraríamos empleando las bombillas, que mencionamos al inicio de este capítulo. Posibles fuentes de error serían las listadas a continuación: 1) alguna de las bombillas que nos vendieron no emite la luz que pensamos: se nos ha colado una «impostora» y, por tanto, el cálculo de su distancia será erróneo; 2) el polvo del vidrio o la niebla absorben luz, por lo que vemos las bombillas más débiles no solo a causa de la distancia, sino también debido a estos efectos, por lo que estaríamos sobrestimando la distancia real; 3) la luz que emiten las bombillas se modifica por otros factores. Por ejemplo, si son más antiguas emiten menos luz, por lo que si no somos capaces de tener en cuenta este efecto, nuestros cálculos de distancia serán erróneos. Si aplicamos estas fuentes de error a las supernovas, podría ser que: 1) algunas de las supernovas observadas y clasificadas como de tipo Ia puede que no lo sean o que se trate de una SN Ia peculiar; 2) no podemos o no sabemos estimar adecuadamente la luz de la supernova que ha sido absorbida antes de llegar a nuestros telescopios; primero, en la galaxia en la que se produce la supernova y, después, en nuestra galaxia; (3) la calibración, obtenida localmente, no es válida en épocas pasadas, hace miles de millones de años atrás en el tiempo, porque en el pasado las supernovas no eran como las actuales.

Por tanto, una cuestión clave es: ¿Eran las supernovas Ia de hace miles de millones de años iguales a las que observamos localmente? Exactamente, no. Las observaciones indican que hay una dependencia de las propiedades de las supernovas Ia con la edad de las poblaciones estelares en las que se observan. Las supernovas Ia más brillantes aparecen asociadas a regiones —galaxias o zonas dentro de una galaxia— donde se está produciendo formación estelar; es decir, asociadas a poblaciones estelares jóvenes. Por su lado, las supernovas Ia menos brillantes ocurren en regiones en las que la formación estelar cesó hace miles de millones de años; es decir, aparecen asociadas a poblaciones estelares viejas. Además, se producen más supernovas Ia en regiones jóvenes. Por otra parte, la explosión de una enana blanca con una masa muy próxima a la crítica de Chandrasekhar y compuesta por carbono y oxígeno no parece un objeto cuyas propiedades puedan depender mucho de la edad de las poblaciones estelares. En esta época de cosmología de precisión y, en particular, para estudiar la naturaleza de la energía oscura, las pequeñas diferencias se han vuelto importantes.

En esta línea de investigación, que trata de desvelar la posible evolución de los progenitores de las supernovas Ia y de las supernovas Ia mismas, trabajan numerosos equipos de científicos, tanto teóricos como observacionales. El objetivo principal es derivar una relación de calibración más precisa. Los investigadores tratan de identificar relaciones entre las propiedades observadas de las supernovas y las de las galaxias donde ocurren. Por ejemplo, si la tasa de formación estelar fuese importante, se podría tener en cuenta en la calibración —siempre que pudiésemos medirla fácilmente—. Por su parte, los grupos teóricos intentan realizar simulaciones numéricas cada vez más detalladas, teniendo en cuenta el máximo número de factores, empleando potentes ordenadores.

La situación puede parecer tanto desconcertante como apasionante. Entender la misteriosa energía oscura puede llevarnos, además, a resolver otros problemas fundamentales de la física. Las supernovas Ia nos muestran directamente la desaceleración y posterior aceleración de la expansión del universo (véase la figura 9). Mejorar el uso de las supernovas como herramientas para el cálculo de distancias es un gran reto. Un desafío que implica entender las supernovas Ia, resolviendo los problemas planteados en el capítulo anterior. Si lo conseguimos, podremos estudiar la energía oscura. Todo apunta a que el futuro es prometedor.

Pero ¿podremos precisar cuál es el futuro del universo? ¿Sabremos si seguirá expandiéndose a un ritmo cada vez mayor? ¿Acaso frenará o volverá a colapsar? Todo es posible y depende de la naturaleza y evolución de la energía oscura. Si fuese la energía del vacío, que es constante, el universo continuará expandiéndose a un ritmo cada vez mayor.

# Motores de la evolución química del universo

Si las estrellas masivas no explotasen como supernovas de colapso gravitatorio, los elementos producidos en ellas, como el oxígeno y el calcio, quedarían atrapados en los agujeros negros y en las estrellas de neutrones que se forman en sus centros, y el universo apenas se enriquecería con nuevos elementos químicos. Prácticamente, todo el oxígeno que hay en el universo se ha originado en estrellas masivas. Y si las enanas blancas de carbono y oxígeno no estallaran como supernovas termonucleares, no se formarían los elementos del grupo del hierro y, por tanto, tampoco se inyectarían al medio interestelar. La cantidad no es desdeñable: se calcula que unos dos tercios del hierro presente en el universo proviene de estas explosiones.

En la tabla periódica de los elementos químicos (figura 1), los elementos conocidos se ordenan según su número de protones y símbolo correspondiente: H, He, Li Be, B, C, N, O... Pero ¿qué sabemos del origen de los distintos elementos?, ¿qué papel juegan las supernovas en su producción y en su evolución a lo largo de la historia del universo?

Si analizásemos la composición química de todo lo que vemos, concluiríamos que el océano, las montañas, las plantas, el aire,

FIG. 1

| | | | | | | | | | | | | | | | | | | |
|---|---|---|---|---|---|---|---|---|---|---|---|---|---|---|---|---|---|---|
| 1 | 1 H | | | | | | | | | | | | | | | | | 2 He |
| 2 | 3 Li | 4 Be | | | | | | | | | | | 5 B | 6 C | 7 N | 8 O | 9 F | 10 Ne |
| 3 | 11 Na | 12 Mg | | | | | | | | | | | 13 Al | 14 Si | 15 P | 16 S | 17 Cl | 18 Ar |
| 4 | 19 K | 20 Ca | 21 Sc | 22 Ti | 23 V | 24 Cr | 25 Mn | 26 Fe | 27 Co | 28 Ni | 29 Cu | 30 Zn | 31 Ga | 32 Ge | 33 As | 34 Se | 35 Br | 36 Kr |
| 5 | 37 Rb | 38 Sr | 39 Y | 40 Zr | 41 Nb | 42 Mo | 43 Tc | 44 Ru | 45 Rh | 46 Pd | 47 Ag | 48 Cd | 49 In | 50 Sn | 51 Sb | 52 Te | 53 I | 54 Xe |
| 6 | 55 Cs | 56 Ba | * | 72 Hf | 73 Ta | 74 W | 75 Re | 76 Os | 77 Ir | 78 Pt | 79 Au | 80 Hg | 81 Tl | 82 Pb | 83 Bi | 84 Po | 85 At | 86 Rn |
| 7 | 87 Fr | 88 Ra | ** | 104 Rf | 105 Db | 106 Sg | 107 Bh | 108 Hs | 109 Mt | 110 Ds | 111 Rg | 112 Cn | 113 Uut | 114 Uuq | 115 Uup | 116 Uuh | 117 Uus | 118 Uuo |
| * Lantánidos | | | | 57 La | 58 Ce | 59 Pr | 60 Nd | 61 Pm | 62 Sm | 63 Eu | 64 Gd | 65 Tb | 66 Dy | 67 Ho | 68 Er | 69 Tm | 70 Yb | 71 Lu |
| ** Actínidos | | | | 89 Ac | 90 Th | 91 Pa | 92 U | 93 Np | 94 Pu | 95 Am | 96 Cm | 97 Bk | 98 Cf | 99 Es | 100 Fm | 101 Md | 102 No | 103 Lr |

Tabla periódica de los elementos químicos conocidos, ordenados por su número de protones.

el agua, las bacterias, los humanos, la comida, el vino, las casas o el petróleo... todo está formado por átomos de hidrógeno, oxígeno, carbono, nitrógeno, azufre, fósforo, calcio, flúor, hierro, plomo, etc.; es decir, los elementos que se muestran en la tabla periódica. Y ¿dónde se producen estos elementos químicos? ¿En el interior de la Tierra, en las minas? ¿Quizá los sintetizamos artificialmente en fábricas? ¿De dónde obtenemos el calcio para nuestros huesos o el hierro que compone nuestra sangre? ¿Los produce nuestro organismo?

Si observamos el universo a través de nuestros telescopios, obteniendo espectros que nos indican, tal y como ya hemos visto, su composición química, ¿qué elementos encontramos en los planetas, en un cometa, en el Sol, en las estrellas o en las galaxias? Los espectros de todos estos objetos astronómicos nos muestran las mismas líneas que caracterizan los elementos químicos que nos son familiares en la Tierra. Un análisis más detallado nos indica que estos elementos aparecen, dentro de unos márgenes, en las mismas proporciones: hay más hidrógeno que helio, más helio que oxígeno, más oxígeno que carbono, el hierro sería el sexto elemento más abundante, el nitrógeno el séptimo, el calcio el dieciseisavo y el aluminio el diecisieteavo. Los diez elementos químicos más abundantes en el sistema solar son también los más abundantes en la galaxia y en el universo observable, tal como se recoge en la tabla siguiente:

¿Qué nos indica esta universalidad en las abundancias y proporciones entre los distintos elementos químicos? Pues que deben tener un origen común. Efectivamente, los elementos se

| Elemento | Abundancia (fracción en masa) | Origen nuclear (combustión) | Origen astrofísico |
|---|---|---|---|
| H | 0,716 | Primordial | Big Bang |
| He | 0,269 | Comb. H | Big Bang + *BM |
| O | 0,00625 | Comb. He | *M SNCG |
| C | 0,00213 | Comb. He | *BM + *M SNCG |
| Ne | 0,00152 | Comb. C | *M SNCG |
| Fe | 0,00108 | Comb. Explosiva Si | SNIa |
| N | 0,000738 | Comb. H | *BM + *M SNCG |
| Si | 0,000638 | Comb. O y Explosiva O | *M SNCG |
| Mg | 0,000479 | Comb. C + Comb. Ne | *M SNCG |
| S | 0,000321 | Comb. O y Explosiva O | *M SNCG |

*BM = estrellas de baja masa.
SNIa = Supernovas Ia o termonucleares.
SNCG = Supernovas de colapso gravitatorio.
*M SNCG = producido en estrellas masivas expulsado por SNCG.

producen en reacciones nucleares que, en su gran mayoría, han tenido lugar en los densos y calientes interiores de las estrellas. En gran medida, todo depende de las propiedades de los núcleos atómicos; es decir de la física nuclear.

## LOS ELEMENTOS (CASI TODOS), HIJOS DE LAS ESTRELLAS

De hecho, a excepción del hidrógeno y el helio y de otros núcleos atómicos ligeros, como el deuterio o el litio, que se originaron en el Big Bang, prácticamente todos los demás elementos se han formado en las estrellas y en las explosiones de supernova. En la Tierra no se dan las condiciones físicas necesarias para que ocurran reacciones nucleares de forma natural, a excepción de las desintegraciones radiactivas de algunos elementos inestables que ya estaban presentes en la materia a partir de la cual se formó el sistema solar. Es cierto que, artificialmente, se pueden sintetizar elementos en reactores nucleares pero estos no contribuyen al inventario de elementos químicos en la Tierra, ni más allá. Cuando crecemos, los «nuevos» átomos nos llegan a través de los alimentos. El calcio de nuestros huesos y el oxígeno que respiramos provienen, en última instancia, de una supernova. El hidrógeno del agua que forma nuestro cuerpo y los océanos se formó en el Big Bang. Estos átomos de hidrógeno son tan antiguos como el mismo universo. El hidrógeno que se ha ido destruyendo a lo largo de la evolución del cosmos es el combustible principal de las estrellas. Al quemarlo, producen nuevos elementos y obtienen energía.

Un artículo publicado conjuntamente en 1957 por los físicos Margaret Burbidge, Geoffrey Burbidge, William Fowler y Fred Hoyle (que aparecen en la fotografía superior de la página contigua), titulado «Síntesis de los elementos en las estrellas», recogió las bases astrofísicas y nucleares de la producción de los elementos químicos y marcó un antes y un después en este campo llamado *nucleosíntesis*, que es como se denomina la síntesis o producción de los núcleos atómicos. Este artículo es conocido por las iniciales de sus autores, que firmaron a modo

En la imagen de arriba, los autores del artículo «Síntesis de los elementos en las estrellas», Margaret Burbidge, Geoffrey Burbidge, William Fowler y Fred Hoyle, fotografiados en Cambridge en 1971. Abajo, dos de los tres autores de otro artículo, «El origen de los elementos químicos», Ralph Alpher (derecha) y George Gamow, emergiendo de una supuesta botella de «ylem», nombre que otorgó a la sustancia que posibilitó las primeras reacciones nucleares del universo. En dicho artículo se planteaba que los elementos químicos se habían originado tras el Big Bang. A la izquierda de la imagen, Robert Herman, colaborador de Gamow.

## CAMBIO CLIMÁTICO, PERO NO EXTINCIÓN MASIVA

Si una supernova hubiese explotado cerca del sistema solar, su radiación podría haber modificado el clima o alterado la vida en el planeta Tierra. Desde la década de 1950 se ha especulado sobre este tema. ¿Provocó una supernova la extinción masiva de especies de hace 250 millones de años o la de los dinosaurios hace 66 millones de años? ¿Pudo una supernova causar un cambio climático?

### *Buscando restos de supernova*

Para responder a esas cuestiones hay que comenzar planteando otras: ¿cuál es la distancia «de seguridad» a partir de la cual una supernova no tendría ningún efecto sobre la Tierra? ¿Qué probabilidad hay de que una supernova haya explotado dentro de esa distancia? ¿Podemos encontrar alguna evidencia en la Tierra de que esto haya ocurrido? Fue en la década de 1990 cuando, en base a simulaciones numéricas detalladas, se comenzó a dar respuesta a estas cuestiones con la suficiente precisión. Se concluyó que la mejor prueba de una explosión cercana sería detectar en la Tierra algún elemento producto de la nucleosíntesis de la supernova. La clave estaría en los elementos radiactivos con tiempos característicos de desintegración inferiores a la edad del sistema solar. Es necesario que sea así porque si el tiempo de desintegración fuese más largo —o se tratase de un elemento estable— podría haber estado ya presente en la nebulosa a partir de la cual se formó el sistema solar. Los cálculos mostraron que cuando las explosiones ocurren a menos de 300 años-luz de la Tierra, estos elementos pueden viajar desde la supernova hasta nuestro planeta, depositándose en su superficie. Estaba claro: había que buscarlos.

### *Un exceso de hierro-60*

En 1999 se detectó una sobreabundancia de $^{60}Fe$ en la corteza oceánica, en estratos para los que se determinó una edad de tres millones de años. Este elemento se produce principalmente en las supernovas de colapso gravitatorio y tiene una vida media —el tiempo en que se desintegra el 50% de la cantidad inicial— de 2,2 millones de años, muy corta comparada con la edad de la Tierra, que es de unos 4500 millones de años. El hallazgo fue posible gracias al desarrollo de instrumentos de gran precisión que permiten, en el laboratorio, contar átomos en una muestra de material. En 2016 se confirmó el origen extrasolar del $^{60}Fe$ midiendo su cantidad en estratos de diferente edad, así como su presencia en diversos puntos de la Tierra (véase la figura), y también en las rocas que la misión Apolo trajo de la Luna.

### *Demasiado lejanas para ser letales*

Pero ¿cuándo explotó o explotaron, si son varias, estas supernovas responsables del $^{60}Fe$ detectado? ¿Influyó su radiación en la evolución de la vida en la Tierra? Se calcula que una supernova sería peligrosa para los organismos terrestres si explotase a menos de unos 26 años-luz. La probabilidad de que esto ocurra se estima en una vez cada 800 millones de años. Modelos precisos, que reproducen el $^{60}Fe$ detectado, indican que pudo ser expulsado por dos supernovas, una de las cuales habría explotado hace unos 2,5 millones de años, y la otra, hace 7,6 millones de años aproximadamente. Ambas estarían situadas a una distancia de unos 320 años-luz, es decir, no habrían sido la causa directa de una extinción masiva. Lo que sí pudieron haber provocado a esa distancia es una modificación en las condiciones atmosféricas, influyendo en el clima y causando, quizá, las glaciaciones que tuvieron lugar en el Pleistoceno. Durante esa época geológica, que empezó hace 2,6 millones de años y se prolongó hasta el año 10000 a.C., extensos mantos de hielo glacial cubrieron vastas áreas del planeta, en especial las latitudes más altas del hemisferio norte.

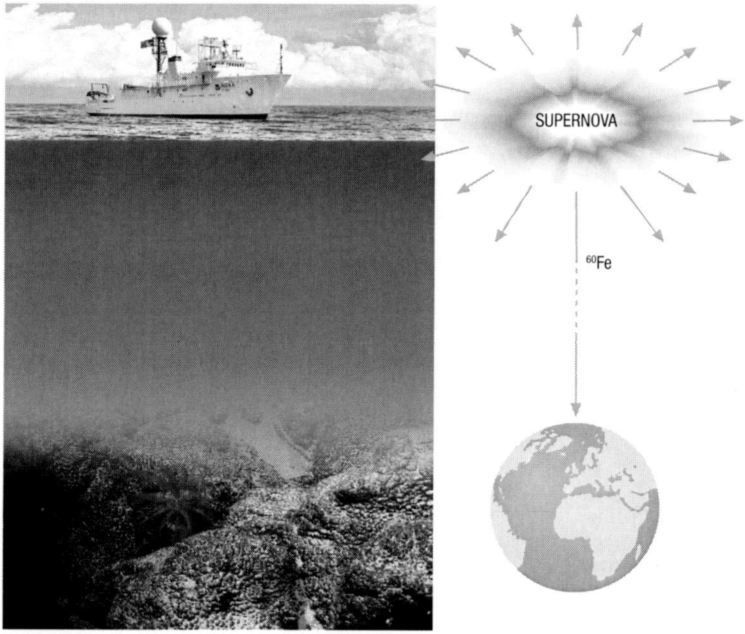


Cuando los científicos detectaron la presencia de hierro-60 en las profundidades del océano Pacífico supieron que era material procedente de supernovas. Los datos astrométricos aportados por el satélite Hipparcos de la ESA permitieron establecer que esas supernovas se hallaban a 320 años-luz.

de compuesto químico: $B^2FH$ (los Burbidge eran matrimonio). Años después, en 1983, William Fowler fue galardonado con el premio Nobel de Física junto a Subrahmanyan Chandrasekhar, el primero por sus «estudios teóricos y experimentales de las reacciones nucleares relevantes para la formación de los elementos químicos en el universo»; el segundo, «por sus estudios teóricos sobre los procesos físicos relevantes para la estructura y evolución estelar».

Con este artículo se cerró una controversia abierta por otro anterior titulado «El origen de los elementos químicos», publicado en 1948 por el ya nombrado físico George Gamow, de origen soviético y nacionalizado estadounidense, su doctorando Ralph Alpher y su amigo Hans Bethe (véase la fotografía inferior de la pág. 127). El artículo también fue conocido por las iniciales con las que fue firmado: siguiendo el alfabeto griego, «alfa-beta-gamma», los apellidos de sus autores se escribieron Alpher, Bethe y Gamow. En este trabajo se argumentaba que todos los elementos químicos podrían haberse originado al comienzo del universo, justo después del Big Bang, fusionando núcleos de $^{1}H$, uno tras otro, a partir de los primeros núcleos. Realmente este proceso solo funciona bien hasta el $^{4}He$ porque no existe un elemento estable compuesto por 5 núcleos ($^{4}He + {}^{1}H$), ni por 8 ($^{4}He + {}^{4}He$). Por ello, no se puede continuar la cadena de formación de núcleos atómicos de esta forma. Esta barrera puede ser superada en el interior de las estrellas donde, disponiendo de suficiente tiempo, los núcleos inestables comienzan a acumularse, pero no en las condiciones de un universo primitivo en rápida expansión. Por lo tanto, solo el hidrógeno y el helio se formaron en el Big Bang junto con trazas de otros núcleos atómicos ligeros, como el deuterio y el litio. A esta síntesis de los primeros elementos le llamamos *nucleosíntesis primordial*. La composición química del sistema solar consiste en un 71,6% de hidrógeno, un 27% de helio y un 1,4% de elementos más pesados que este. Es ese 1,4% el que se produce en las estrellas y supernovas. Puede parecer poco práctico invertir tanto esfuerzo en entender ese pequeño porcentaje. Pero no se trata de la cantidad, ese escaso tanto por ciento es de lo más interesante. Como también lo es, por ejemplo, la franja de la biosfera, que comprende todos los seres vivos y el espacio que ocupan, aunque sea una parte despreciable si lo comparamos a la masa total de la Tierra. De hecho, desde este punto de vista, más despreciable resulta aún la masa constituida por los seres humanos.

## COSMOQUÍMICA: LA EVOLUCIÓN DE LOS ELEMENTOS

Hay una palabra para designar el estudio del origen y evolución de los distintos elementos químicos en el cosmos: *cosmoquímica*. La síntesis de nuevos elementos a través de reacciones nucleares depende del combustible disponible y de las condiciones físicas, básicamente de la temperatura y la densidad. Estas condiciones dependen fundamentalmente de la masa y la composición química inicial de la estrella y varían a lo largo de su evolución, tal y como ya hemos visto anteriormente. En base a ello es posible relacionar directamente los distintos elementos con sus posibles lugares de origen.

Conocer qué elementos se producen y en qué cantidad en cada estrella y tipo de supernova es una pieza fundamental para entender la cosmoquímica. Pero esta no es la única información necesaria. Tenemos que saber cuántas estrellas se producen a partir del gas interestelar y cómo se forman las estrellas; quizá haya una tasa continua de formación estelar o puede que se den episodios breves de formación. Aunque a lo mejor ambas situaciones son posibles. También necesitamos conocer cuántas estrellas se producen con una determinada masa, lo que se conoce como «función inicial de masas». Hemos comentado que un 95% de las estrellas son de baja masa, ahora necesitamos precisar más. ¿Cuántas hay que sean menos masivas que el Sol?, ¿cuántas con 2, 7 o 60 veces la masa de nuestro astro rey? La función inicial de masas nos da la distribución en masa de las estrellas que nacen, la cual se determina observacional y teóricamente, y que, se estima, es bastante universal. La excepción son las estrellas que se formaron justo después del Big Bang; con una composición química libre de elementos más pesados que el helio, los cálculos indican que en esas condiciones la mayoría de las estrellas que se formaron fueron muy masivas, todo lo contrario de lo que ocurriría después.

Y de todas esas estrellas que se forman, ¿cuántas expulsan sus envolturas como nebulosas planetarias?, ¿cuántas explotan como supernovas termonucleares?, ¿cuántas como supernovas de colapso gravitatorio? Más preguntas: ¿pueden colapsar las más masivas directamente a agujeros negros, sin expulsar nada al espacio interestelar?

Con toda esta información, que incluye datos relacionados con la nucleosíntesis primordial, la tasa de formación estelar, la función inicial de masas, la evolución estelar, la nucleosíntesis y los tiempos de evolución de estrellas y supernovas, podemos construir modelos de evolución química para nuestra galaxia (véase la tabla de esta página). Los resultados de estos modelos se comparan con los datos observados y, en general, las conclusiones son satisfactorias. Por ejemplo, tanto los modelos numéricos como las observaciones nos muestran que la cantidad de oxígeno comparada con la de hierro en la galaxia ha ido decreciendo a lo largo del tiempo; esto se debe a que el oxígeno es expulsado por las supernovas de colapso gravitatorio que fueron estrellas masivas, las cuales presentan tiempos de evolución cortos, si lo comparamos con los de la formación de las supernovas termonucleares, principales productoras del hierro.

| Principales ingredientes de la evolución química de la galaxia | |
|---|---|
| **Condiciones iniciales** | Big Bang: nucleosíntesis primordial |
| **Tasa de formación estelar** | Constante / estallidos / interrupciones |
| **Función inicial de masas** | Tasa relativa de nacimiento de estrellas con distinta masa |
| **Nucleosíntesis estelar y explosiva y tiempos de evolución** | Supernovas de colapso gravitatorio, supernovas termonucleares, estrellas de baja masa |
| **Otros factores** | Gas expulsado y/o acretado por la galaxia / migración de estrellas |

A día de hoy podemos decir que nuestro entendimiento de la formación y evolución de los elementos e isótopos —recordemos que la diferencia entre los isótopos de un mismo elemento es su número de neutrones— es bastante completo. No obstante, se nos resisten aún algunas incógnitas. Entre ellas, el origen de varios isótopos específicos, como el $^{7}$Li o el $^{19}$F. El litio es un elemento muy abundante, por ejemplo, en el salar de Uyuni en Bolivia. Se usa para fabricar la mayoría de las baterías y está relacionado con la nucleosíntesis primordial. El flúor, que tan familiar nos resulta en la composición de los dentífricos, se produce tanto en las estrellas —en concreto el $^{19}$F— de baja masa como en las masivas, pero los modelos teóricos no logran reproducir bien las observaciones.

Quizá el reto más importante planteado en nucleosíntesis sea identificar el lugar de producción de alrededor de la mitad de los elementos más pesados que el hierro, aquellos que se producen por captura rápida de neutrones, llamados por ello «elementos-r» (una «r» por «rapid» en inglés). Los núcleos de los elementos pesados contienen muchos protones con carga positiva (el Fe tiene 26, véase la tabla periódica en la figura 1), por lo que experimentan repulsión al acercarse a otro núcleo atómico, también cargado positivamente. Sin embargo, capturar un neutrón «neutro» es posible, siempre que haya neutrones que capturar. Para que se produzcan elementos-r se necesita un flujo muy alto de neutrones. La estrella de neutrones, que se forma en el centro de una supernova de colapso gravitatorio, parece un lugar natural. Sin embargo, las simulaciones numéricas de supernovas realizadas no consiguen reproducir las condiciones físicas necesarias para la síntesis de elementos-r. Por ello, se exploran otros escenarios, como estrellas de neutrones en sistemas binarios. En principio, una estrella de neutrones aislada tiene una gran ventaja y un gran inconveniente: la ventaja es que hay neutrones en abundancia, y el inconveniente, que su alto campo gravitatorio no permitiría que, en caso de producirse, estos elementos fuesen expulsados. La solución puede estar en un sistema binario formado por una estrella de neutrones que acreta materia de su compañera, dando lugar a erupciones que expulsan el material y que observamos, por su alta energía, en rayos X. Desvelar el origen de los elementos-r es uno de los objetivos prioritarios en astrofísica.

Las estrellas masivas son las fábricas principales de todos los elementos que se crean por captura de núcleos de $^{4}$He (con 4 nucleones: 2 protones y 2 neutrones). Al núcleo de He se le llama también «partícula alfa», por lo que estos elementos se conocen como «elementos alfa». La doble nomenclatura, He y alfa, se debe a que las partículas alfa se descubrieron en 1899-1900 en las desintegraciones radiactivas, sin relacionarse inicialmente con los núcleos de helio. Posteriormente, en 1907, el físico y químico neozelandés Ernest Rutherford (1871-1937) y el especialista inglés en física solar Thomas Royds (1884-1955) probaron que se trataba de núcleos de helio. Los elementos alfa se forman a partir del $^{12}$C, fusionándose un núcleo de $^{4}$He de un elemento al siguiente: $^{16}$O, $^{20}$Ne, $^{24}$Mg, $^{28}$Si, $^{32}$S, $^{36}$Ar, $^{40}$Ca, $^{44}$Ti, $^{48}$Cr, $^{52}$Fe y $^{56}$Ni —los cuatro últimos son inestables y se transforman en isótopos de Ca (calcio), Ti (titanio), Cr (cromo) y Fe (hierro), respectivamente—. Las estrellas masivas son también las productoras de una parte de los elementos más pesados que el hierro que se producen por capturas lentas de neutrones, «elementos-s» (la «s» es de *slow*, «lento» en inglés). En este caso, el flujo de neutrones necesario es inferior al requerido para sintetizar elementos-r. Posteriormente, durante la explosión, se producen otros elementos pesados del grupo del hierro, a través de la combustión explosiva del silicio, neón, oxígeno y carbono, como ya vimos anteriormente. Tras el gran estallido todos estos elementos son expulsados al medio interestelar, y se convierten en la materia prima de las nuevas estrellas.

Las explosiones de enanas blancas, las supernovas termonucleares, producen principalmente elementos del grupo del hierro. Como ya sabemos, las rápidas y sucesivas combustiones que se producen en la explosión convierten más del 70% de estas enanas blancas de carbono y oxígeno con la masa de Chandrasekhar en hierro y níquel. En particular, algo más de media masa solar en cada una de ellas acaba siendo $^{56}$Ni, que se desintegra finalmente a $^{56}$Fe. Teniendo en cuenta los ritmos a los que se producen las supernovas Ia, se concluye que dos tercios del hierro

## BEATRICE TINSLEY: LOS CIMIENTOS DE LA EVOLUCIÓN DE LAS GALAXIAS

Beatrice Murray Hill Tinsley nació el 27 de enero de 1941 en Chester, Inglaterra, aunque de muy pequeña emigró con su familia a Nueva Zelanda, durante la Segunda Guerra Mundial. Inteligente, trabajadora, buena estudiante y excelente investigadora, se casó con su compañero de universidad, el físico Brian Tinsley. Vivió en una época marcadamente sexista, y la carrera de su marido, también físico, pasó por delante de la de ella: no podía trabajar en la universidad al mismo tiempo que él. Las normas establecían que para una mujer lo primero era su familia y, si quedaba tiempo, y no interfería mucho en estas ocupaciones, podía hacer algo más. Alegre, implicada en cuestiones sociales, experta violinista y madre de dos hijos adoptados, Beatrice optó por trabajar por su cuenta, y lo hizo sin parar. Realizó en un tiempo récord, menos de dos años, su tesis doctoral, titulada «Evolución de galaxias y sus implicaciones en cosmología», la cual presentó en 1966 en la Universidad de Texas, en Austin, a trescientos kilómetros de su residencia familiar, en Dallas. Los resultados de esta tesis marcaron el comienzo de un nuevo campo en la astrofísica: la evolución de las galaxias, considerando la evolución de las estrellas y el gas que las componen.

### *Difícil decisión*

El reconocimiento científico a su trabajo, fuera de Dallas, no tardó en llegar. Fue premiada por la Sociedad Americana de Astronomía e invitada por prestigiosas instituciones europeas y norteamericanas. Sin embargo, la Universidad de Texas en Dallas la ignoraba. Continuar allí con la familia implicaba renunciar a la investigación, una tremenda frustración. Así que tomó una dura decisión: en 1974 se divorció, dejó Dallas y a su familia, y aceptó una beca en el Observatorio de Lick, en California. Un año después fue contratada por la Universidad Yale, y en 1978 pasó a formar parte de su plantilla, todo un reconocimiento a sus méritos, capacidad y talento para la docencia y la investigación. Ese mismo año se le diagnosticó un cáncer y murió tres años más tarde, con tan solo cuarenta de edad, aunque ya había publicado más de cien artículos e inspirado y formado a muchos jóvenes. Sus colegas, estudiantes y amigos la admiraron siempre por su generosidad, capacidad de trabajo, contagioso entusiasmo y creatividad. A pesar de todas las dificultades, la astrónoma consiguió ser ella misma, dedicándose a la investigación que tanto la atraía y para la que tenía cualidades extraordinarias.

que hay actualmente en el universo procede de estas supernovas. Bromeamos diciendo que las supernovas termonucleares quizá padecen amnesia, pues no recuerdan a sus progenitores, ni cómo explotaron, pero lo que está claro es que no sufren anemia: ¡son extraordinariamente ricas en hierro!

El hecho de que una supernova produzca un determinado elemento no implica que contribuya significativamente a su abundancia en el universo. Hay que tener en cuenta todos los factores relevantes, como la cantidad que se produce en comparación con la que generan otras fuentes, los tiempos de evolución, el número de eventos, etc.

Si hacemos una recapitulación, concluiremos que los elementos ligeros, como el hidrógeno, el helio o el litio, se produjeron en el Big Bang, dos tercios del hierro en las supernovas termonucleares, y los elementos alfa (O, Ne, Mg, Si, S, Ar, Ca y Mg) y algunos de los más pesados que el hierro son expulsados por las supernovas de colapso gravitatorio. En las fotos de la página contigua podemos contemplar cómo el material expulsado por las supernovas se expande en el medio interestelar, mezclándose con el mismo. Entonces ¿explican el Big Bang y las supernovas el origen de todos los elementos? Si incluyésemos en un modelo de evolución química de la galaxia la nucleosíntesis del Big Bang y de las supernovas, y comparásemos los elementos sintetizados con las abundancias de estos elementos observadas en el sistema solar o en la galaxia, tendríamos un cuadro casi completo y acertado de todos los elementos menos pesados que el hierro y del grupo de este elemento. De hecho, entre los elementos menos pesados que el Fe, solo faltarían el berilio (Be) y el boro (B), una parte del carbono, algo de nitrógeno ($^{15}N$) y poco más. Sin embargo, no conseguiríamos reproducir la mayor parte de los elementos más pesados que el Fe. ¿Qué falta en este puzle? Pues la contribución de las estrellas de baja masa que pasan por la fase AGB, expulsan su envoltura y se convierten en nebulosas planetarias, y también la acción de los energéticos rayos cósmicos. En la ilustración de las págs. 140-141 se muestra el crisol de elementos que pueden originarse a partir de una supernova.

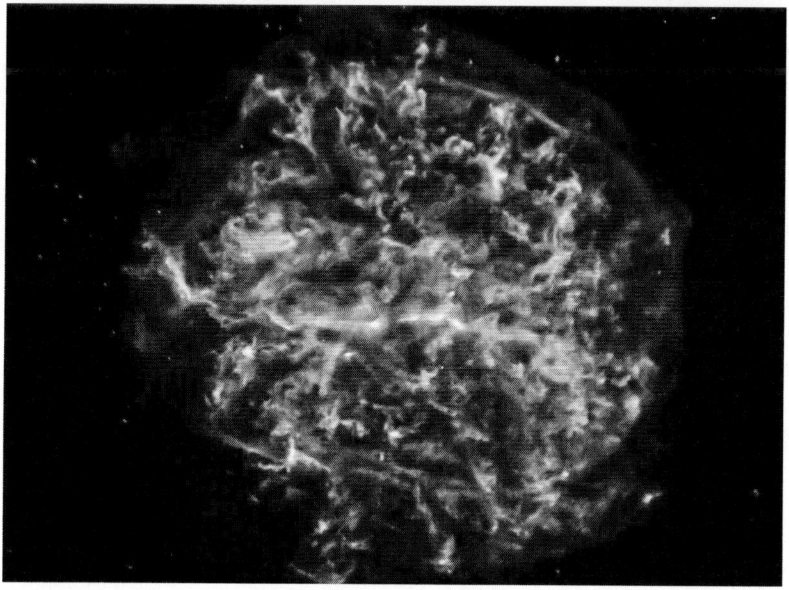

SNR E0102, en la Pequeña Nube de Magallanes, es un joven remanente de supernova que se expande, interaccionando con el medio interestelar. En la imagen (arriba) es la nube señalada con una flecha. La masa situada arriba, a la derecha de la imagen, es la región de formación estelar N76. El remanente de la supernova se encuentra a 50 años-luz de N76.
Abajo, remanente galáctico G292 de una supernova de colapso gravitatorio situado a 20 000 años-luz, captado por el observatorio de rayos X Chandra. El tipo de supernova que dio lugar a este remanente se sabe por la composición química, abundante en oxígeno y otros elementos alfa.

## CARGADÍSIMOS RAYOS CÓSMICOS Y ESTRELLAS AGB

Los rayos cósmicos son partículas cargadas, protones en su mayoría, que viajan por el espacio a altas velocidades, en algunos casos al 90% de la velocidad de la luz. Estas partículas tan energéticas chocan y rompen los núcleos de los átomos de carbono, nitrógeno, oxígeno y hierro que se encuentran en el medio interestelar produciendo elementos ligeros, como el litio, el berilio y el boro.

Entre las estrellas de baja masa, las que tienen masas comprendidas entre 1,5 y 3 $M_{Sol}$ son las que más contribuyen a la nucleosíntesis, siendo las principales productoras de carbono, de parte del nitrógeno y de la mitad de los elementos más pesados que el hierro, los llamados elementos-s, que se derivan de capturas lentas de neutrones sobre núcleos de Fe. A pesar de ser pequeñas, el número de estrellas de baja masa es mayor que el de estrellas más masivas —de acuerdo con la función inicial de masas y las observaciones realizadas—. De hecho, se estima que alrededor del 50% de la masa devuelta al medio interestelar por estrellas o supernovas procede de las estrellas de baja masa.

Una vez incluidas las estrellas AGB y los rayos cósmicos, tendríamos el cuadro completo, solo faltaría alguna pincelada, como considerar las novas y su contribución al $^{15}N$. La figura 2 muestra la contribución principal de las supernovas y las estrellas de baja masa —en las fases AGB/Nebulosas planetarias— a la evolución química.

Sabemos, gracias a las observaciones, que existen varias poblaciones estelares caracterizadas por la abundancia de elementos más pesados que el helio. Las estrellas de población I serían las que tienen una composición como la del sistema solar, con alrededor de un 1,5% de elementos distintos del hidrógeno y el helio; las estrellas de población II tendrían una abundancia de esos elementos unas 100 veces menor y las estrellas de población III no tendrían elementos distintos del hidrógeno y el helio. Esta última sería la población que se formó justo después del Big Bang y no contamos con observaciones directas de ninguna de estas estrellas. La búsqueda de estrellas muy pobres en elementos más

FIG. 2

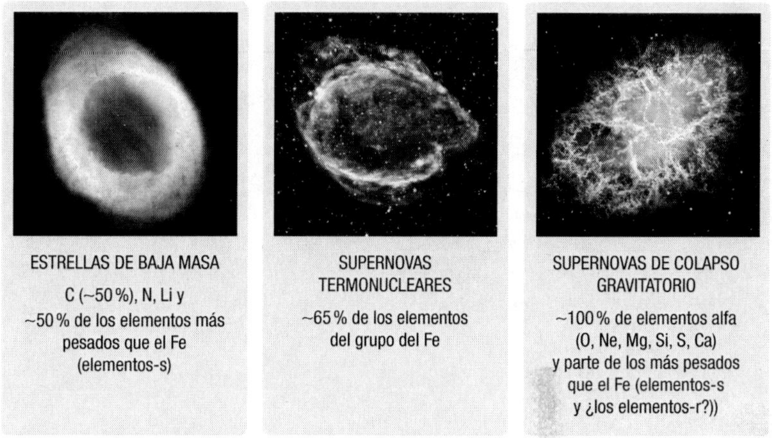


Evolución química del universo.

pesados que el He es uno de los campos en que más recursos se están invirtiendo, se han llegado a detectar algunas estrellas con 100 000 veces menos carbono, nitrógeno, oxígeno y hierro que el Sol. Estas estrellas nos dan información de las primeras etapas de la evolución química de la galaxia. Según las observaciones el 99 % de los elementos distintos del hidrógeno y el helio que hay en nuestra galaxia se han producido a lo largo de su evolución.

El ciclo se cierra (figura 3), el universo se va enriqueciendo en elementos pesados a expensas del hidrógeno inicial y las nuevas generaciones de estrellas son cada vez más ricas en elementos pesados —C, N, O, Ca, Mg, Fe, Pb, etc.—. Estrellas AGB, nebulosas planetarias y supernovas devuelven al medio interestelar todo o parte del gas a partir del cual se formaron sus progenitoras. Este material contiene nuevos elementos, sintetizados en las reacciones nucleares. La onda de presión que las supernovas producen al explotar comprime y desestabiliza las nubes de gas, provocando su colapso y la formación de nuevas estrellas. Alrededor de la mayoría de las estrellas aparecen sistemas planetarios, probablemente como consecuencia natural

## LA FORMACIÓN DE LOS ELEMENTOS QUÍMICOS

FINALES LUMINOSOS
Al final de sus vidas, las estrellas pueden explotar como supernovas y ser tan brillantes como toda una galaxia.

LUCES QUE ALUMBRAN EL COSMOS
Las supernovas son nuestros mejores faros cósmicos. Con ellas medimos distancias extragalácticas y el ritmo de expansión del universo. Además, han desvelado la existencia de la enigmática energía oscura.

PRODUCCIÓN EXHAUSTIVA DE ELEMENTOS

Las supernovas liberan al espacio los elementos químicos que se originan en la explosión y antes, a lo largo de la evolución de la estrella progenitora.

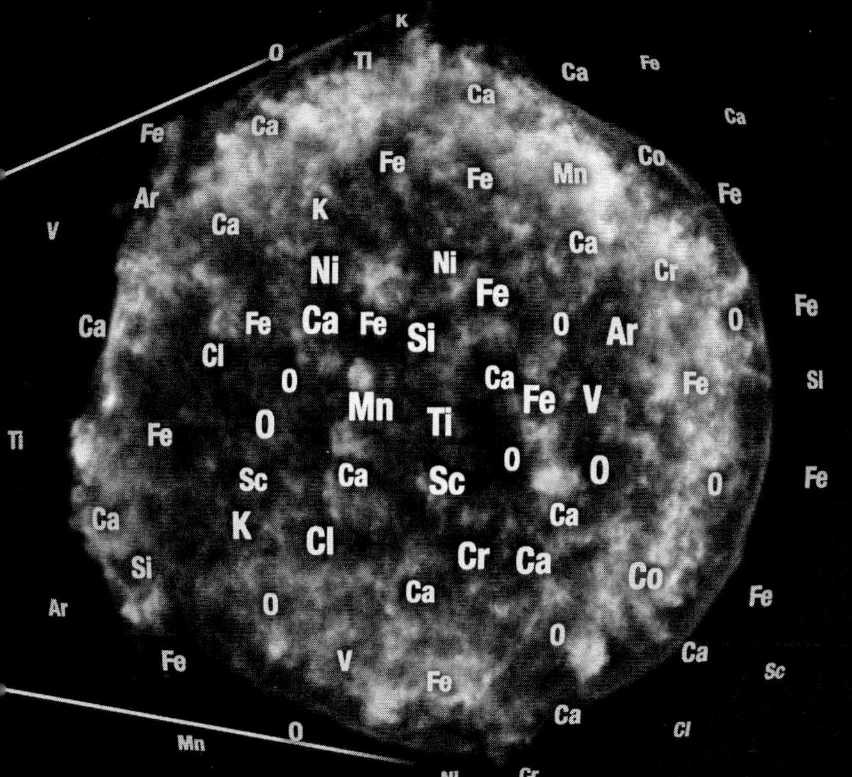


LA MATERIA PRIMA DE LA QUE TODO ESTÁ HECHO

El oxígeno, el calcio, el hierro y otros muchos elementos, que forman el agua, el aire… y la vida estuvieron hace miles de millones de años en una supernova. De hecho, a excepción del hidrógeno y el helio y de otros núcleos atómicos ligeros, como el deuterio o el litio, que se originaron en el Big Bang, prácticamente todos los demás elementos se han formado en las estrellas y en las explosiones de supernova. En la Tierra no se dan las condiciones físicas necesarias para que ocurran reacciones nucleares de forma natural, a excepción de las desintegraciones radiactivas de algunos elementos inestables que ya estaban presentes en la materia a partir de la cual se formó el sistema solar.

del proceso de formación estelar. Estas nuevas estrellas parten de una composición química más rica en elementos pesados y menos rica en hidrógeno que sus antecesoras. En su evolución producen más elementos pesados. El medio interestelar se enriquece de nuevo con los productos de la nucleosíntesis estelar y explosiva. A partir de este gas nacerá la siguiente generación de estrellas. En las imágenes de la página anterior podemos observar dos regiones con una intensa actividad de formación estelar.

En el universo va disminuyendo la cantidad de hidrógeno, que da lugar a elementos más pesados, y también disminuye la cantidad de gas disponible para formar nuevas estrellas. Una parte del gas inicial ha sido retirado de la circulación al quedar atrapado en agujeros negros, estrellas de neutrones, enanas que no

FIG. 3

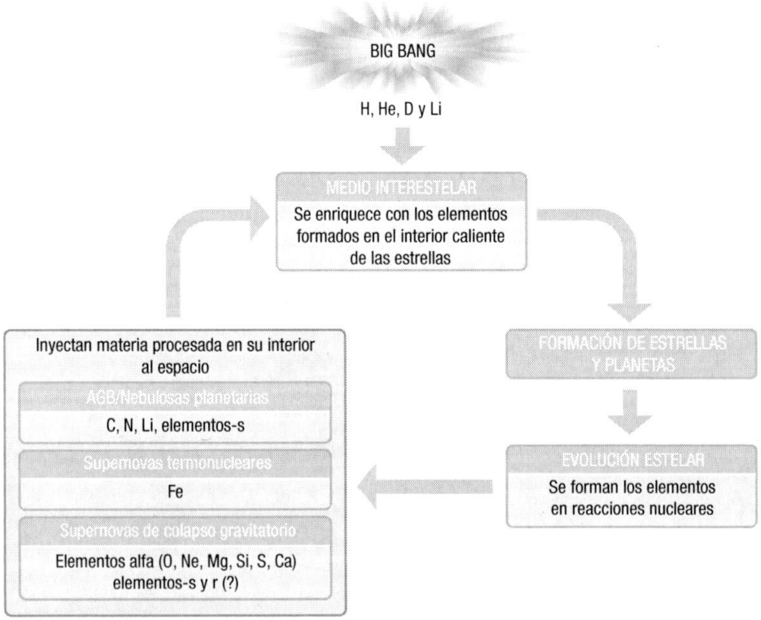


El ciclo cósmico se inicia con el Big Bang y continúa con el aporte permanente de nuevos elementos químicos al universo.

La imagen superior, en el IR y óptico, muestra una zona muy activa de formación estelar en la galaxia NGC 4214, situada a 10 millones de años-luz de nosotros. Abajo, otra área galáctica de gran actividad, la nebulosa NGC 3576, ubicada en el Brazo de Sagitario de la Vía Láctea.

explotan y otros cuerpos menores. En algún momento, en este universo en expansión acelerada, se formó el sistema solar y se dieron las condiciones para que alrededor de una estrella, el Sol, se situara el planeta Tierra con su Luna y sobre este planeta comenzara la vida.

# Bibliografía

BENACCHIO, L. et al., *Los orígenes. Del Big Bang a la vida*, Madrid, Libsa, 2007.

CASAS, A., *El lado oscuro del universo*, Madrid, CSIC/Los Libros de la Catarata, 2010.

—*La materia oscura. El elemento más misterioso del universo*, Barcelona, RBA, 2015.

COX, B., *¿Por qué $E=mc^2$?*, Barcelona, Debate, 2013.

HAMUY, M. y MAZA, J., *Supernovas. El explosivo final de una estrella*, Barcelona, Ediciones B, Grupo Z, 2010.

HOGAN, C. J., *El libro del Big Bang. Introducción a la cosmología*, Madrid, Alianza, 2005.

JAKOSKI, B., *La búsqueda de vida en otros planetas*, Madrid, Cambridge University Press, 2003.

OSTRIKER, J. y MITTON, S., *El corazón de las tinieblas. Materia y energía oscuras: los misterios del universo invisible*, Barcelona, Pasado y Presente, 2014.

RUIZ, M. T., *Hijos de las estrellas*, Barcelona, Ediciones B, Grupo Z, 2010.

THORNE, K. S., *Agujeros negros y tiempo curvo. El escandaloso legado de Einstein*, Barcelona, Crítica, 2010.

TORRES, S. y FIERRO, J., *Nebulosas planetarias: la hermosa muerte de las estrellas*, Ciudad de México, Fondo de Cultura Económica (FCE), 2010.

# Índice analítico y de nombres

# Títulos publicados en esta colección

Made in United States
North Haven, CT
04 November 2026

21766925R00095